DER GESTALTETE NATURGARTEN

2. Auflage

Haupt
NATUR

Peter Richard

Zum Autor: Peter Richard, 1961 geb., Landschaftsgärtner, Gartengestalter. Nach der Lehrzeit arbeitete er in verschiedenen Betrieben und erkannte rasch, dass der konventionelle Gartenbau nicht seinen Lebensinhalt bilden sollte. Er ist heute Inhaber eines auf Naturgartengestaltung spezialisierten Unternehmens in der Schweiz.

2. Auflage: 2025
1. Auflage: 2018

ISBN 978-3-258-08424-4

Gestaltung und Satz: Team hp Schneider, CH-Elsau
Lektorat: Frauke Bahle, D-Freiburg

Wir drucken mit mineralölfreien Farben und verwenden FSC®-zertifiziertes Papier.
FSC® sichert die Nutzung der Wälder gemäß sozialen, ökonomischen und ökologischen Kriterien.
Gedruckt in der Slowakei

FSC www.fsc.org MIX Papier | Fördert gute Waldnutzung FSC® C020353

Diese Publikation ist in der Deutschen Nationalbibliografie verzeichnet.
Mehr Informationen dazu finden Sie unter http://dnb.dnb.de.

Der Haupt Verlag wird vom Bundesamt für Kultur für die Jahre 2021–2025 unterstützt.

© Shutterstock, Huza Studio

Wir verlegen mit Freude und großem Engagement unsere Bücher. Daher freuen wir uns immer über Anregungen zum Programm und schätzen Hinweise auf Fehler im Buch, sollten uns welche unterlaufen sein.

Haupt Verlag AG
Falkenplatz 14
3012 Bern
SCHWEIZ
herstellung@haupt.ch
www.haupt.ch

Verantwortlich in der EU (GPSR):
Brockhaus Kommissionsgeschäft GmbH
Kreidlerstr. 9
70806 Kornwestheim
DEUTSCHLAND
haupt@brocom.de

Wild und chaotisch stellt man sich gemeinhin Naturgärten vor. Dabei sagt bereits der Begriff «Naturgarten» aus, dass es sich hier um das Zusammenspiel von menschlicher Gestaltung und natürlicher Dynamik handelt.

Beim Anlegen eines Naturgartens geht es wie bei jedem anderen Gartentypus um räumliche Gestaltung. Hinzu kommt jedoch der Anspruch, eine Grundlage zu schaffen, damit sich Lebensgemeinschaften entwickeln können, die sowohl Pflanzen als auch Tieren als Nahrungsgrundlage und Zuhause dienen. Dies erreicht man nicht durch geschwungene Linien oder Imitation von Landschaft, sondern durch die Ansiedlung von Pflanzengemeinschaften, die heimisch sind und sich über Jahrzehnte entwickeln können. Meine Gärten sind allesamt gestaltet. Für jeden Garten gibt es einen Plan, ein Konzept, das die äußere Form des Gartens und seinen Inhalt, die «Pflanzenkompositionen», festhält. Ich kann mir nicht vorstellen, einen nachhaltigen und schönen Garten zu bauen, ohne vorher konzeptionelle Arbeit zu leisten. Abgesehen davon kenne ich auch keine lebenswerten und schönen Gärten, die ohne Konzept auskommen.

Gärten sind gestaltete Räume, auch Naturgärten. Natürlichkeit entsteht nicht aus der Form des Gartens, sondern daraus, wie ich meinen Garten anlege, welche Pflanzengemeinschaften ich ansiedle und wie ich ihn pflege.

Gärten der leisen Töne

Naturgärten unterscheiden sich erheblich von konventionell gestalteten Grünflächen. Im ersten Moment erscheinen uns diese Gärten unordentlich und wild. Wir, die es gewohnt sind, überall alles unter Kontrolle zu haben, allem unsere Ordnung aufzudrängen, sind überrascht oder irritiert. Uns ist das Gefühl für das Lebendige, das Ursprüngliche abhandengekommen. Was sich nicht knallig, bunt und groß präsentiert, wird von unseren übersättigten Sinnen gar nicht wahrgenommen. Tatsächlich müssen wir uns schon etwas näher an die kleinen Blüten der einheimischen Stauden und Gehölze heranwagen, müssen uns bücken oder sogar hinknien, um die feine Schönheit unserer Flora zu würdigen. Es ist gewiss nicht nur die Flora, die uns entzücken wird. Wer sich etwas länger in einem naturnah gestalteten Garten aufhält, sieht plötzlich Schmetterlinge tanzen, hört Vögel singen und Wildbienen summen. Erst nach einiger Zeit wird einem bewusst, dass sich hier mit der Pflanzenvielfalt auch eine Fülle von Tieren offensichtlich wohlfühlt.

Naturgärten sind Brücken zwischen Mensch und Natur und wer es zulässt, wird staunen, wie sich im Lebensraum Naturgarten innerhalb kurzer Zeit ein Reichtum an Lebewesen einfinden wird. Allerdings wird man dies nur erleben, wenn man sich vom Ordnungs- und Reinlichkeitswahn lossagt und den Garten als das sieht, was er sein kann: ein Stück Natur vor der eigenen Haustüre.

Was macht Naturgärten aus? Für alle, die in Erwägung ziehen, einen Naturgarten anzulegen, gehören die Aspekte, die in den folgenden Abschnitten erklärt werden, zum Wesentlichen.

Heimische Pflanzen bevorzugen

An einheimischen Pflanzen leben auch einheimische Tiere. Das ist nachvollziehbar und lässt sich auch wissenschaftlich nachweisen. Allerdings benötigen wir diese Nachweise gar nicht. Wer sich 15 Minuten Zeit nimmt und sich in den Garten setzt, zuhört, wie es summt und brummt, dem wird schnell klar, wie lebendig ein solcher Garten ist. Besonders frappant wird dieser Vergleich, wenn man sich danach in einen Garten stellt, der ausschließlich aus kurz geschorenem Rasen, Kirschlorbeer und Thuja besteht.

Wenn es darum geht zu definieren, was einheimisch ist, wird es etwas komplizierter. Für Botaniker gilt als einheimisch, was vor 1492 schon hier verbreitet war, das heißt, vor der Entdeckung Amerikas. Alles andere sind sogenannte Neophyten, also Neuzuwanderer. Doch Vegetation ist nicht statisch, sondern verändert sich laufend. Früher jedoch nicht so schnell, wie es heute passiert: Veränderungen der Vegetation gingen meist klimatische Veränderungen voraus, wie Eiszeiten oder extreme Trockenheit. Die Vegetation passte sich über Jahrhunderte diesen neuen Verhältnissen an.

Naturgärten sind Brücken zwischen Mensch und Natur. Wer es zulässt, wird staunen, wie sich in kurzer Zeit ein Reichtum an Lebewesen einfinden wird.

Im Naturgarten wählen wir vorwiegend einheimische Pflanzen. Es hat aber auch Platz für nicht heimische Arten wie den Ysop (unten) oder andere Kräuter aus dem Mittelmeerraum.

Einheimische Pflanzen – was heißt das eigentlich?

Als indigen oder autochthon werden Pflanzen bezeichnet, die in einem bestimmten Gebiet heimisch sind. Das heißt, sie haben sich dort ohne Einfluss des Menschen angesiedelt und vermehren sich ohne Zutun des Menschen. Davon unterscheidet man Pflanzen, die durch menschliches Zutun in ein Florengebiet gelangt sind. Sie werden eingeteilt in:

1. Archäophyten: vor 1492 angesiedelt
2. Neophyten: nach 1492 (Entdeckung von Amerika) zugewandert
3. Kulturpflanzen

DER GESTALTETE NATURGARTEN

Wildromantische Gärten planen und bauen

2. Auflage

Haupt Verlag

Peter Richard

Inhaltsverzeichnis

Anstelle eines Vorwortes

Mut ist die Kraft,
das Bekannte loszulassen.

Raymond Lindquist

Ich bin in einer Gärtnerfamilie aufgewachsen. Mein Vater, ursprünglich gelernter Baumschulist, führte einen kleinen Gartenbaubetrieb. Nebenbei frönte er seinem Hobby und kultivierte auf zwei Grundstücken selber Bäume und Sträucher, er hatte also noch eine kleine Baumschule. In diesen Pflanzungen verbrachte ich letztlich meine Kindheit. Ich half mit, Stecklinge zu schneiden und in Frühbeetkästen zu stecken, Sträucher und Bäume umzupflanzen, zu schneiden und zu stattlichen, verkaufsfertigen Pflanzen zu ziehen. Später war ich auch oft bei Pflanzungen in den Gärten dabei und entwickelte eine Leidenschaft für alle Pflanzen. Die Stunden in der Baumschule sind für mich bis heute die intensivste und schönste Kindheitserinnerung. Mit meinem Vater zusammen draußen zu arbeiten hat meine Liebe für das Lebendige und insbesondere für alle Pflanzen genährt.

Mit 15 Jahren begann ich eine Lehre als Landschaftsgärtner und arbeitete danach einige Jahre als Gruppenleiter. Ich baute Neuanlagen, Umänderungen und war im Unterhalt tätig. Es war damals die Zeit der Eisenbahnschwellen. Als Böschungssicherungen, Einfassungen für den Gemüsegarten und Kinderspielbereiche wurden sie in fast allen Gärten eingesetzt. Mittlerweile weiß man, dass die Imprägnierungen hochgiftig sind. Eine weitere Zeiterscheinung waren Massenbepflanzungen mit gebietsfremden Pflanzen. Was heute mit Schotter abgedeckt wird, bepflanzte man damals mit Teppichmispel, zum Beispiel mit *Cotoneaster dammeri 'Radicans'*. So schaffte man langweilige und letztendlich für die heimische Fauna wertlose Flächen. Aber immerhin waren diese Flächen im Gegensatz zu den modernen Schottergärten noch grün!

Naturgärtner aus Liebe zu den Pflanzen und zur Natur – 35 Jahre Erfahrung im Naturgartenbereich sind in diesem Buch zusammengefasst.

In einer Gärtnerfamilie aufgewachsen, bekam ich schon als Kind einen Bezug zum Gärtnern.

Naturgärten sind wichtige Lebensräume für Menschen, Pflanzen und Tiere – das ist heute noch bedeutender als vor 35 Jahren, als ich mit der Gartengestaltung begonnen habe.

Zusätzlich begann ich, mich für Umweltthemen zu interessieren, und engagierte mich in verschiedenen Organisationen. Für mich war bald klar, dass ich auf keinen Fall weiterhin «grüne Wüsten» bauen und pflegen wollte. Im Rahmen einer Weiterbildung an einer Fachschule kam ich das erste Mal mit dem Thema Naturgarten in Kontakt. Es waren damals schon einige Pioniere in dieser Richtung unterwegs und mit dem Buch «Naturgarten» von Urs Schwarz wurde in der Schweiz der Grundstein gelegt, dieses Thema auch öffentlich zu diskutieren. In Gärtnerkreisen hatte man damals höchstens ein müdes Lächeln übrig, wenn vom Thema Naturgarten die Rede war. Wahrscheinlich hatte man einfach Angst, dass durch die Gestaltung von naturnahen Gärten der Beruf des Gärtners überflüssig werden würde.

Im Rahmen meiner Abschlussarbeit zu diesem Thema lernte ich verschiedene Vertreter der Naturgartenbewegung kennen, unter anderem Andreas Winkler, der in der Ostschweiz damals die ersten naturnahen Privatgärten zu planen und bauen begann. Bei einem Besuch konnte ich mir zum ersten Mal solche Gärten in natura anschauen. Es war Liebe auf den ersten Blick! Schon nach dem ersten Garten war mir klar, dass ich in Zukunft nichts anderes mehr machen würde. So kam ich also nach Wängi in den Thurgau, um das Naturgärtnern zu lernen und zusammen mit dem Pionier Winkler den Betrieb aufzubauen.

Es war Liebe auf den ersten Blick. Als ich das erste Mal einen Naturgarten betrat, war für mich klar, dass ich in Zukunft solche Gärten gestalten wollte.

Erzählte ich, wie wir damals behandelt wurden, würde dies heute niemand mehr für möglich halten. Auslachen und faule Sprüche waren noch die zahmen Varianten, wie unser Schaffen kommentiert wurde. Von wüsten Verfluchungen bis hin zur Androhung körperlicher Gewalt war alles dabei, wenn es darum ging, unser Tun und Wirken zu verunglimpfen. Doch es hat sich gelohnt, entgegen aller negativen Stimmen der Naturgartenphilosophie treu zu bleiben. Bis heute sind es mehrere hundert Gartenanlagen, die ich gestalten durfte, tausende von heimischen Bäumen und Sträuchern, die ich gepflanzt habe, und mehrere Hektare Wildstauden- und Wiesenflächen, die ich zusammen mit meinen Mitarbeitern angelegt habe.

Bei meiner Arbeit standen immer die Menschen im Mittelpunkt, die den Garten später nutzen werden. Es war mir wichtig, den Naturgarten nicht einfach als ein Aneinanderreihen von Biotopen zu sehen, sondern jeden Garten individuell von Grund auf zu gestalten. Es ist die Verbindung von Natur und Design, die meine Gärten auszeichnet: Die Menschen sollen sich darin wohlfühlen und zusammen mit Pflanzen und Tieren in einer friedlichen Symbiose leben können. In dem vorliegenden Buch sind meine Erfahrungen und Erkenntnisse aus mehr als 35 Jahren Tätigkeit in diesem Bereich niedergeschrieben. Es ist mir ein Anliegen, dass auch in Zukunft möglichst viele Gärten naturnah gestaltet werden. Ob dies mit einer Naturgartenfachperson geschieht oder ob Gartenbesitzer selber zum Spaten greifen, sie alle finden in diesem Buch Anregungen und praktische Tipps zur Realisierung des eigenen Naturparadieses.

Naturnah gärtnern

Jeder Mensch braucht ein Stück Garten,
wie klein es auch immer sein mag,
sodass er in Kontakt mit der Erde und deshalb
mit etwas Tieferem in ihm selbst bleibt.

C.G. Jung

Naturgartengestaltung – ein Widerspruch?

Für den Frosch spielt es keine Rolle, ob eine Wasserfläche eine rechteckige oder eine geschwungene Form hat. Wichtig ist die Ausgestaltung und die Bepflanzung des Lebensraumes.

Wild, chaotisch und unstrukturiert, so stellen sich viele Laien einen Naturgarten vor. Fachleute verbinden ihn mit dem Begriff Biodiversität, vielleicht auch noch mit der Vorstellung, Landschaften in Klein abzubilden. Kaum jemand assoziiert den Naturgarten mit Design, der formgerechten und funktionalen Gestaltgebung. Obwohl dieser Gesichtspunkt bereits im Wort Naturgarten mitschwingt: eine Verbindung von Natur und Garten. Eine Symbiose von natürlicher Dynamik und menschlicher Gestaltung – genau so sehe ich den Naturgarten.

Naturgärten, wie ich sie gestalte, sind weder abgebildete Landschaften noch imitierte Naturbiotope. Vielmehr sind sie gestaltete Lebensräume für Mensch, Tier und Pflanze. Oder mit einem Bild gearbeitet: Dem Kind, welches im Sandkasten spielt, ist es egal, ob der Sandspielbereich eine geradlinige oder geschwungene Form hat, solange es viel Sand gibt, in dem man tief graben kann. Genauso ist es dem Grasfrosch egal, ob ein Teich rund oder eckig ist. Was für ihn zählt, ist, dass sein Lebensraum seinen Nachkommen eine Möglichkeit zur Entwicklung und zum Überleben bietet.

Die äußere Form sagt nichts über die Natürlichkeit eines Gartens aus. So ist ein mit geschwungenen Formen angelegter Garten, der mit exotischen Pflanzen bestückt wird, weiter von einem natürlichen Lebensraum entfernt als ein geradliniger Garten, in dem heimische Gewächse gedeihen und eine gewisse Verwilderung stattfinden darf.

Damit ein Garten mit dem Haus ein harmonisches Ganzes bildet, sollte seine Form in erster Linie durch die Topografie und die Architektur des Hauses bestimmt sein. In zweiter Linie durch den Geschmack des Gartenbesitzers und des Gestaltenden. Einfache, klare Linien, die später verwachsen und verwildern dürfen, wirken in der Regel stärker als krampfhaft die Natur imitierende Schwünge. Eine gute Grundgestaltung unterliegt keiner Gartenmode und kann im Lauf der Jahre ergänzt und in den Details verfeinert werden, ohne die Grundform des Konzepts zu ändern.

Mit dem heute weltumspannenden Pflanzenhandel und der großen Mobilität kommen in immer kürzeren Abständen Pflanzen zu uns, die für einheimische Tiere keine Lebensgrundlage bieten. Gleichzeitig werden immer mehr natürliche Lebensräume durch intensive Nutzung oder Überbauung zerstört. Wenn nun Pflanzen aus anderen Florengebieten, wie die Kanadische Goldrute oder das Drüsige Springkraut, ganze Flussufer oder Waldstücke in Monokultur bevölkern, verdrängen sie die einheimische Flora. Dies hat einen Artenrückgang bei der heimischen Fauna zur Folge. Eine Entwicklung, die bereits seit Jahrzehnten im Gang ist und die roten Listen der bedrohten Arten immer länger werden lässt. Naturgärten mit ihrer vorwiegend heimischen Flora können hier einen wichtigen Beitrag zum Erhalt der Biodiversität leisten.

Wer sich in dieser Wiese für 15 Minuten niederlässt und zuhört, wie es summt und brummt, braucht keine wissenschaftlichen Beweise, dass heimische Pflanzen Schmetterlinge, Bienen, Käfer und andere Tiere magisch anziehen.

«Vorwiegend einheimisch» bedeutet für mich, dass es in einem Naturgarten auch Platz für eine Auswahl nicht heimischer Pflanzen geben darf. Dazu gehören alle klassischen Gartenstauden wie Pfingstrosen, Phlox oder Rittersporn, aber auch Strauch- und Schlingrosen. Selbst Zierkirsche, Zierapfel oder Magnolie dürfen in einem Naturgarten stehen, sofern es sich um Einzelexemplare handelt. Mit Zierstauden und Gehölzen aus anderen Florengebieten können wir im Naturgarten die Blütezeit verlängern. Insbesondere im Spätsommer und Herbst sind die meisten heimischen Arten bereits abgeblüht. Mit Anemone, Sonnenhut oder Herbstaster, die sich alle in heimische Staudenpflanzungen integrieren lassen, wird die Blütezeit bis in den Oktober verlängert. Im Frühjahr sorgt eine einzelne Zierkirsche oder eine Magnolie für eine zauberhafte, überschwängliche Blüte im Garten. Und nicht alle Pflanzenarten, die aus anderen Florengebieten stammen, sind gänzlich unnütz wie Forsythie oder Thuja. Einfach blühende Zierobstbäume werden von Bienen durchaus als Nektarquelle genutzt. Dennoch sollten es Ausnahmen bleiben. Wünschenswert ist es, einen Anteil von ungefähr 80 Prozent hiesiger Arten zu pflanzen, damit sich einheimische Tierarten ansiedeln können.

Regionale Materialien – sozialverträglich und umweltgerecht

Nachhaltiges Arbeiten mit Recyclingmaterial – aus Rest- und Ausschussmaterial entstehen Trockenmauern.

Im Naturgarten verwenden wir regionale Materialien – der Kies stammt aus dem regionalen Kieswerk und Natursteine wurden im Steinbruch gewonnen, der am nächsten liegt.

Mitteleuropa ist reich an Holz-, Kies- und Steinmaterial. Es gibt keinen Grund, diese Materialien von weit her zu holen und mit dem Transport Energie zu verschwenden und die Umwelt zu belasten.

In Naturgärten bevorzugen wir Materialien aus der Region. Das heißt, der Naturstein, den wir für Trockenmauern verwenden, kommt aus einem Steinbruch in der Nähe. Kiesmaterialien stammen aus einem lokalen Kieswerk und Holz wird in inländischen Wäldern geschlagen. In Gartenzentren und Baumärkten wird diesem Umstand leider wenig bis gar keine Bedeutung beigemessen: Brunnen aus Chinagranit oder Bodenbeläge aus Tropenholz sind hier an der Tagesordnung. Oft weiß der Konsument gar nicht, woher das Ausgangsmaterial stammt. Mit verschiedenen Labels wird dann eine ökologische Herkunft vorgegaukelt. Bei dieser Betrachtung sind allerdings der Transport und die damit verbundene Menge an grauer Energie (das ist die Energie, die für Herstellung, Transport, Lagerung usw. aufgewendet wird) einfach ausgeklammert. Die Glaubwürdigkeit einiger Labels ist zumindest anzuzweifeln, wenn man weiß, wie Geschäfte in einzelnen Herkunftsländern funktionieren.

Mitteleuropa ist reich an allem, was man im Garten benötigt. Es gibt Wälder mit Holz in Hülle und Fülle. Es gibt genügend regionale Kiesvorkommen. Steinbrüche sind in allen Gegenden anzutreffen. Firmen, die in der Schweiz oder innerhalb der EU produzieren, sind verpflichtet, gewisse Sozial-, Sicherheits- und Umweltstandards einzuhalten und festgelegte Mindestlöhne zu bezahlen. Dass diese Materialien etwas mehr kosten, ist aus diesem Grund selbstverständlich. Oder ist jemand von uns bereit, auf einen Teil seines Lohnes zu verzichten, damit ein Produkt billiger wird?

Verzicht auf Pestizide – gesunde Pflanzen ohne chemische Keulen

Pestizide sind chemisch-synthetische Stoffe und Stoffkombinationen, die giftig auf unerwünschte Organismen (Tiere oder Pflanzen) wirken. Sie töten, vertreiben, hemmen das Wachstum oder die Keimung. Diese Gifte können nach «Zielorganismen» eingeteilt werden. So gibt es Insektizide (gegen Insekten), Herbizide (gegen Pflanzen), Fungizide (gegen Pilze) und weitere.

Pflanzenschutzmittel, wie Pestizide auch genannt werden, sind im Naturgarten überflüssig. Sie sind reine Symptombekämpfung und ändern nichts an der Ursache der Krankheit, von der die Pflanze befallen ist. Wer gesunde Pflanzen ziehen will, muss standortgerecht pflanzen. Das heißt, die Gewächse müssen zum vorgesehenen Standort passen. Das wiederum bedeutet, dass die Boden- und Lichtverhältnisse stimmen müssen. Eine Pflanze, die an ihrem natürlichen Standort an voller Sonne in einem durchlässigen, nährstoffarmen Boden gedeiht, wird an einem schattigen Standort in einem lehmigen Boden nicht gesund heranwachsen. Bei Kulturpflanzen wie Früchten, Beeren, Gemüse oder bei Zierstauden wählen wir robuste Sorten aus. Die Wahl standortgerechter Pflanzen bildet die Grundlage für gesundes Pflanzenwachstum. Genauso wichtig sind nach der Pflanzung die richtige Wasserversorgung – nicht zu viel und nicht zu wenig – sowie die Bodenpflege mit natürlichen Mitteln wie Kompost oder Lauberde.

Wer gesunde Pflanzen ziehen will, muss standortgerecht pflanzen und robuste Sorten wie diesen Schwarzdorn wählen.

Ordnung und Reinlichkeit sind die größten Feinde für ein natürliches Gleichgewicht. Auf einem (an den Rändern) bepflanzten Kiesplatz wachsen spezialisierte Pflanzenarten, die Wildbienen, Hummeln, Schmetterlingen und anderen Insekten Nahrung bieten. Wer einen solchen Platz mit Herbizid behandelt, zerstört nicht nur die Pflanzenwelt, sondern entzieht den Tieren die Nahrungsgrundlage.

Blattläuse & Co.

Viele Gartenbesitzer geraten in Panik, wenn sie an ihren Pflanzen Blattläuse entdecken. Ebenso geht es vielen, wenn ihre heimischen Sträucher komplett zerfressen sind. Was kann man dagegen tun? Gar nichts, wird der erfahrene Naturgärtner antworten. Wenn wir Natur im Garten wollen, müssen wir gewisse Vorgänge und Kreisläufe akzeptieren. Dazu gehören Blattläuse oder zerfressene Blätter an Pfaffenhütchen oder Gemeinem Schneeball. Blattläuse und Raupen von Schmetterlingen oder Nachtfaltern zum Beispiel sind eine wichtige Nahrungsgrundlage für Vögel, Raubmilben und andere Insekten. Blattläuse zu bekämpfen ist in etwa so, als würde man uns ein feines Mittagessen hinstellen und es dann aber wieder abräumen beziehungsweise mit Gift versetzen.

Wer noch nicht vollständig überzeugt ist, probiere Folgendes aus: Lassen Sie die Blattläuse einfach einige Tage weitersaugen. Keine Angst, Ihre Pflanzen werden davon nicht eingehen. Nach drei Tagen schauen Sie sich die Blattlauskolonien an und werden feststellen, dass nur noch leere Hüllen am Strauch hängen und die meisten der kleinen Tiere auf wundersame Weise verschwunden sind. Natürlich handelt es sich nur scheinbar um ein Wunder, in Wirklichkeit sind es verschiedene Vogelarten, Marienkäfer, Raubmilben und andere Tiere, bei denen Blattläuse an oberster Stelle ihrer Speisekarte stehen. Bei den Raupen am Pfaffenhütchen *(Euonymus europaeus)* handelt es sich übrigens um die Pfaffenhütchen-Gespinstmotte, eine kleine Falterart. Sie bildet eine Generation pro Jahr. Im Juni, wenn die Falter geschlüpft sind, wird sich der Strauch wieder erholen und neue Blätter bilden. Bereits im August ist in der Regel nichts mehr von dem «Befall» zu sehen. Beim Gemeinen Schneeball ist es die Larve des Schneeballblattkäfers, die an den Blättern frisst. Auch hier sind die Blätter der Sträucher im April und Mai zum Teil völlig skelettiert, die Blätter erholen sich aber auch in diesem Fall relativ schnell wieder.

Einheimische Pflanzen wie die Brennnessel ziehen verschiedene Tierarten an und bieten Nahrung und Lebensraum. Viele dieser Raupen, Käfer, Raubmilben und anderen Kleintiere sind wichtige Zahnräder in der Nahrungskette – werden sie vernichtet, wird diese Kette unterbrochen und einzelne Schädlinge können sich ungehemmt ausbreiten.

Wird Regenwasser in ein Feuchtbiotop eingeleitet, entsteht wichtiger Lebensraum für Pflanzen und Tiere, die am Wasser leben. Aus diesem Grund bauen wir im Naturgarten Feuchtgräben, Feuchtbiotope oder Naturschwimmteiche, die mit Regenwasser gespeist werden.

Kreisläufe schließen

Versickerung direkt
Sickerpackung im Querschnitt

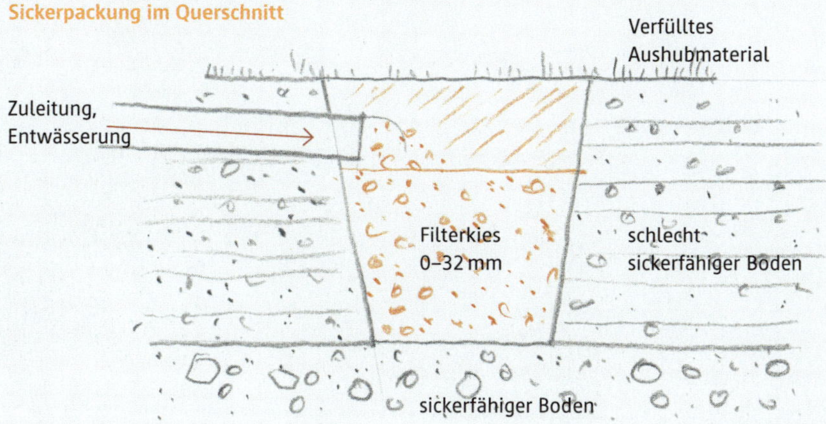

Versickerung über Sickerschacht
Sickergalerie im Querschnitt

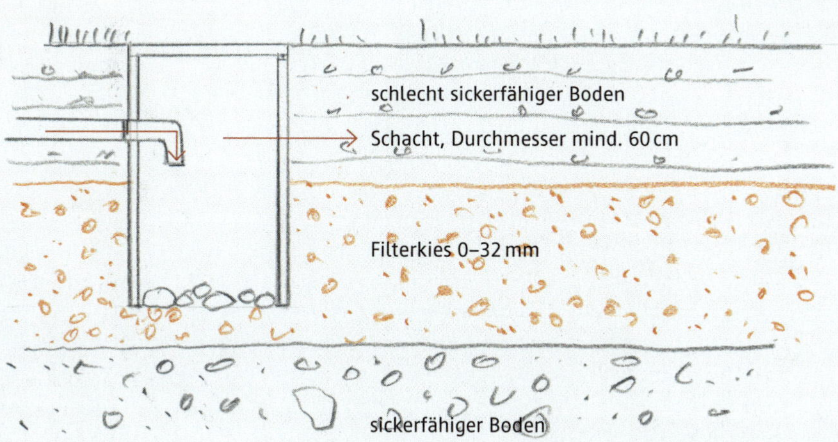

Im Naturgarten sollen Kreisläufe soweit möglich geschlossen werden, allen voran der Kreislauf des Wassers. Das bedingt einen sorgsamen Umgang mit Regenwasser. Oberstes Gebot ist es, Bodenbeläge durchlässig zu gestalten, damit Oberflächenwasser direkt im Boden versickern kann. Ist das nicht möglich, wird Regenwasser in einen Feuchtgraben oder einen Teich geleitet und kann dort verdunsten. Kann oder will man Regenwasser nicht oberflächlich ableiten, wird im Boden eine Sickergalerie oder eine Sickerpackung gebaut. Dies ermöglicht, eine gewisse Menge Regenwasser aufzunehmen und langsam an den Boden abzugeben. Besonders bei schwer durchlässigem Untergrund bewährt sich diese Art der verzögerten Versickerung. Regenwasser kann auch als Gießwasser genutzt werden. Die meisten Pflanzen bevorzugen Regen- anstelle von Leitungswasser. Regenwasser wird in einem Erdtank, einem Brunnen oder Wasserbecken oder auch in einem Teich aufgefangen, gespeichert und bei Bedarf als Gießwasser verwendet.

Kann Regenwasser nicht oberflächlich abgeleitet werden, sind Sickerpackung oder Sickergalerie gute Lösungen.

Es sollte soweit möglich organisches Material verarbeitet werden, das sich auch sonst im Garten wiederfindet. Kompostbehälter beispielsweise können aus Holz gefertigt werden.

Aus Laub, Ast- und Stammholzmaterial können neue Kleinbiotope als Unterschlupf für Igel, Blindschleichen oder Amphibien entstehen.

Offene, wasserdurchlässige Fugen lassen Regenwasser versickern und in den natürlichen Wasserkreislauf zurückfließen.

Ein weiterer Kreislauf, den wir im Naturgarten beeinflussen können, betrifft organisches Material, welches bei der Gartenpflege anfällt. Es ergibt keinen Sinn, wertvolles Grüngut aus dem Garten abzuführen und gleichzeitig Düngemittel im Garten auszubringen. Grüngut, allen voran Laub und Kompost, ist der beste Nährstofflieferant und Bodenverbesserer. Es besteht die Möglichkeit, Äste, Laub und Schnittgut von Stauden und Sträuchern als Kleinbiotope in Form von Ast- und Laubhaufen anzulegen oder diese Materialien zu kompostieren – sozusagen zu veredeln, um daraus ein nahrhaftes und wertvolles Bodenverbesserungsmittel zu erzeugen. Laub kann übrigens wie im Wald direkt auf Pflanzenflächen ausgelegt werden. Es verrottet innerhalb kurzer Zeit zu dunkler, feinkrümeliger Erde.

Wenn ein Garten umgestaltet oder verändert wird, fallen Materialien an, die in der Regel entsorgt werden. Im Naturgarten werden Stoffe wie Bodenbeläge, Treppenstufen, Steinblöcke und Abbruch von Betonmauern wiederverwendet. Ideal ist es, die Materialien für die Umgestaltung wieder im selben Garten zu nutzen, zum Beispiel um aus Bodenplatten und Treppenstufen Trockenmauern zu bauen. Ansonsten werden die Materialien gesammelt und in einem anderen Garten wieder eingesetzt. Selbst mit einem Transportanteil von einigen Kilometern ist dieser Rohstoff immer noch wesentlich umweltverträglicher als neu produzierte Materialien. Außerdem sind Mauern und Bodenbeläge aus Recyclingmaterial immer einzigartig und verleihen den Gestaltungselementen einen ganz besonderen Charakter.

Biodiversität fördern und erhalten
Naturgärten leisten einen wichtigen Beitrag zur Biodiversität, zum Reichtum an Pflanzen- und Tierarten. Im naturnahen Garten schaffen wir Lebensräume, die als Trittsteine in der Landschaft und im Siedlungsraum dienen. Sie verbinden größere, zusammenhängende Lebensräume miteinander und dienen somit als Korridore für Tierarten wie Schmetterlinge, Vögel und Amphibien.

Natürliche Lebensgrundlagen erhalten: Luft, Wasser, Boden
Werden beim Bau eines Gartens regionale Materialien verwendet, fallen lange, belastende Transporte weg. Durch Verzicht auf Pestizide und durch sanftes Gärtnern werden unsere Lebensgrundlagen ebenfalls geschont. Naturgärtner nutzen vorhandene Ressourcen verantwortungsvoll.

Zusammenhänge des Lebens verstehen
Der Naturgarten gibt uns die Möglichkeit, das «Funktionieren» der Natur vor der eigenen Haustüre zu erleben. So wird das Verständnis für Zusammenhänge gefördert. Aus diesem Grund ist es wichtig, dass die Umgebung von Kindergärten und Schulhäusern naturnah gestaltet wird, damit unsere Kinder möglichst früh ein Verständnis für und eine Liebe zur Natur entwickeln können.

Das eigene Wohlbefinden steigern
Im Urlaub suchen wir uns besonders schöne Orte aus. Wir freuen uns an Naturlandschaften, besteigen Berge, wandern und biken durch Canyons oder bestaunen die gewaltigen Wassermassen, die einen Wasserfall herunterrauschen. Wir liegen am Strand, genießen Wärme, Sonne, Luft und Salzwasser. Wir begeistern uns für antike Städte oder noch intakte alte Dörfer mit gepflasterten Straßen. Inmitten der Natur oder in naturnaher Umgebung fühlen wir uns wohl. Wir erholen uns in intakten Landschaften, freuen uns über saubere Luft und klares Wasser. Was liegt also näher als unsere «Landschaft» vor der Haustür so zu gestalten, dass wir uns mit der Natur verbunden fühlen? Vielfältige, sanfte, extensiv bewirtschaftete, wildromantische Landschaften steigern unser Wohlbefinden.

Dynamik – Veränderung willkommen heißen

Der wichtigste Unterschied zum konventionellen Garten liegt im Zulassen von natürlicher Dynamik, einer immerwährenden Veränderung. Als Gartengestalter haben wir großen Einfluss auf die Form des Gartens. Wir können mit der Pflanzenauswahl und dem Bau von durchlässigen Belägen und Trockenmauern Lebensraum schaffen. Ob sich der Garten als naturnaher Lebensraum entwickelt, hängt indessen einzig und allein vom Umgang mit dem Garten ab. Können die Gartenbesitzer Natur zulassen und mit ihrer Dynamik umgehen? Entgegen der landläufigen Meinung, dass Naturgärten keine Pflege benötigen, entscheidet der richtige Unterhalt wesentlich darüber, ob ein Garten lebendig ist oder nicht. Tiere werden sich nur dann in unserem Garten ansiedeln, wenn wir ein gewisses Maß an natürlicher Ordnung akzeptieren können. Allerdings entspricht diese nicht unbedingt unseren Vorstellungen von Sauberkeit und Ordnung. Wer es schafft, mit der Natur statt gegen sie zu arbeiten, wird nicht nur mit einem pflegeleichten Garten belohnt, sondern zusätzlich mit vielen schönen Erlebnissen im eigenen Garten wie dem Singen der Vögel, dem Quaken der Frösche oder dem Tanz der Libellen.

Sauber aufgeräumte Gärten mit rasenrobotergetrimmten Flächen sind lebensfeindliche Wüsten, in denen sich keine Schwalbenschwanzraupen, Traubenkirschenspanner, Hausrotschwänze, Erdkröten oder Azurjungfern einfinden.

Ob sich in unserem Garten Natur entwickeln kann, hängt vom Umgang mit dem Garten ab. Nur wer eine gewisse Dynamik zulässt, wird die Schönheit des Naturgartens in all seinen Facetten erleben.

Kreativ Jäten bedeutet, nicht einfach alles zu entfernen, was nicht gepflanzt wurde, sondern sehr differenziert gewisse unerwünschte Kräuter zu entfernen, um eine Vielfalt zu fördern.

Natur muss nicht an der Hausmauer aufhören, sie kann an der Fassade weitergehen.

Planung – Schritt für Schritt zum eigenen Naturgartenkonzept

Die Welt kann verändert werden.
Zukunft ist kein Schicksal.

Robert Jungk

Träume und Wünsche als Basis für ein individuelles Gartenkonzept

Was beim Bau eines Hauses völlig normal ist, kommt den wenigsten Gartenbesitzern in den Sinn – mit einer Fachperson ein Gestaltungskonzept auszuarbeiten. So lassen sich auch aufwändigere Gestaltungen, etwa mit einem Naturteich, leichter realisieren.

Plädoyer für die kluge Planung

Niemandem würde in den Sinn kommen, ein Haus zu bauen, ohne vorher einen Architekten damit zu beauftragen, einen Plan zu erstellen. Dieser Entwurf ist die Grundlage für das zukünftige Gebäude und wird zusammen mit der Bauherrschaft zu einem ausführungsreifen Projekt verfeinert. Bei einem Garten kommt den wenigsten Hausbesitzenden in den Sinn, einen Plan zu erstellen, geschweige denn eine Fachperson hinzuzuziehen. Und dies, obwohl wir für das Land, auf dem wir den Garten realisieren, genauso viel bezahlt haben wie für das Land, auf dem das Haus steht.

Früher war es ausschließlich Königen und Fürsten vorbehalten, einen Gartengestalter oder Landschaftsarchitekten zu engagieren, um das Grundstück mit Wegen, Plätzen, Hügeln, Bäumen, Blumen und Wasserspielen zu verzieren. Heute ist es für alle Hausbesitzer problemlos möglich, eine Fachperson damit zu beauftragen, die Außenanlage nach eigenen Wünschen und Vorstellungen zu planen und später auch zu realisieren. Die Kosten für eine professionelle Gartenplanung liegen im Verhältnis zum Preis von Grundstück und Gebäude im marginalen Bereich.

Schöne Gärten gibt es nur mit einem guten Gartenkonzept.

Die Kosten für die professionelle Gartenplanung liegen im Verhältnis zum Preis vom Grundstück und Gebäude im marginalen Bereich. Ein finanzieller Aufwand, der sich lohnt, wie dieses Beispiel zeigt.

Sicher ist, dass es ohne Konzept keinen schönen Garten gibt. Zumindest keinen mit Stil, der mit zunehmendem Alter einen unverwechselbaren Charakter bekommt. Wer beim Blick in seinen Garten mehr als eine öde Schotter- oder Rasenfläche anschauen will, ist gut beraten, von Anfang an ein Konzept zu erarbeiten. Einen Plan zu haben, spart viele unnötige Ausgaben bei der Umsetzung des Gartens. Außerdem bereitet es Freude, ein Ziel ins Auge zu fassen, das man in einem Zug oder Schritt für Schritt erreichen kann.

Zur Konzeption eines Hauses benötigt man räumliches Vorstellungsvermögen, profunde Baukenntnisse sowie Wissen über Material und dessen Verwendung – alles Grundlagen, mit denen auch Gartengestalter arbeiten. Hinzu kommen fundierte Kenntnisse über Pflanzenverwendung und eine Vorstellung davon, wie sich Pflanzengesellschaften über Jahre entwickeln werden.

**Gartenträume –
das verlorene Paradies zurückholen**

Haus- oder Hotelgarten, Gewerbebau oder Mehrfamilienhaus, am Anfang eines Gartenprojektes stehen Träume, Wünsche und Bedürfnisse der Bauherrschaft. Sie dienen als Grundlage für das Konzept. Selbstverständlich sind diese Wunschlisten bei einem Hotel ganz anders als bei einem privaten Wohngarten. In jedem Fall sind sie die wichtigste Grundlage, damit der Garten später «funktionieren» kann und die Anforderungen und Wünsche der späteren Nutzer berücksichtigt werden.

Leider gibt es viele Beispiele von Gartenanlagen, die kaum oder gar nicht genutzt werden. Meistens sind es sterile Grünanlagen von Wohnüberbauungen, Schulhäusern oder Industrie- und Gewerbebauten. Die einzigen Menschen, die sich darin bewegen, sind die Mitarbeiter der Hauswartung, die Bäume und Sträucher stutzen und den Rasen mähen. Wenn schon keine Nutzung durch Menschen geplant oder erwünscht ist, könnten diese Anlagen immerhin Lebensraum für heimische Tiere und Pflanzen sein. In der Regel wachsen dort aber nur pflegeleichte, exotische Büsche, die uns Menschen langweilen und für Tiere wertlos sind.

Gerade in größeren Wohnanlagen ist das Potenzial, Lebensraum sowohl für Menschen als auch für Pflanzen und Tiere zu schaffen, enorm. Stellt man sich vor, dass alle Grünflächen um Mehrfamilienhäuser lebendig, spannend und mit einer großen Artenvielfalt gestaltet wären, welcher Lebensraum könnte dadurch entstehen! Auch im privaten Hausgarten bleiben die Außenflächen oft steril und langweilig. Aus Sicht von Vögeln, Schmetterlingen, Wildbienen und anderen heimischen Tierarten sind dies grüne Wüsten, die keinerlei Rückzugsmöglichkeiten oder Nahrung bieten. Auch für uns Menschen sind solche Flächen nicht lebenswert und die einzigen, die sich über diese Art von Gartengestaltung freuen, sind Rasenroboter- und Laubsaugerverkäufer.

Gerade bei gewerblich genutzten Anlagen ist es wichtig, ein gutes Konzept für die Außenanlage zu erstellen – neben Lebensräumen für Tiere entstehen auch Orte, an denen sich Mitarbeitende treffen und ausruhen können.

Hausgarten, Hotelgärten, lauschige Gartenwirtschaften oder interessante Gärten bei Wohnbauten – Grundlage für ein Konzept sind immer die Träume, Bedürfnisse und Rahmenbedingungen der Bauherrschaft.

Bei der Gestaltung eines Hausgartens ist die Verbindung von Innen und Außen besonders wichtig.

Der eigene Garten ist einer der wenigen Orte, die wir fast ohne Einschränkungen nach unseren Vorstellungen und Wünschen gestalten dürfen. Hier können wir unseren Traum vom Refugium verwirklichen, indem wir einen Schwimmteich anlegen, Gemüse kultivieren, Fruchtbäume setzen oder eine Strauchhecke pflanzen, die von heimischen Vögeln und Insekten rege besucht wird. In unserem Garten können wir ganz bei uns selbst sein und nach Lust und Laune wirken, ob faulenzen, grillen oder Sandburgen bauen. Der Garten ist unser kleines Stück Paradies, in dem uns niemand Vorschriften machen kann.

In der ersten Phase geht es darum, alle Träume und Wünsche – und sind sie auch noch so verrückt – aufs Papier zu bringen. Sammeln Sie Bilder aus Zeitschriften oder Büchern von Gärten, die Ihnen besonders gefallen. Beantworten Sie sich die Frage, was Ihnen im Garten wichtig ist. Welche Pflanzen lieben Sie, welche mögen Sie gar nicht? Überlegen Sie sich auch, wie viel Zeit Sie im Garten verbringen möchten, mit Arbeiten oder Entspannen. Wünschen Sie sich später vielleicht eine stimmungsvolle Beleuchtung? Brauchen Sie Stauraum für Gartenwerkzeug und andere Utensilien? Möchten Sie für die Kinder einen Spielbereich einrichten? Sind Sie lieber im Schatten oder an der Sonne? Notieren Sie alles, was Ihnen in den Sinn kommt. Am besten sammeln Sie über mehrere Wochen oder Monate, bis Sie alles zusammenhaben. Bei einem Restaurant oder Hotel könnten die Gäste befragt werden, damit sie sich später im Garten wohlfühlen. Bei einem Gewerbebau könnten die Mitarbeiter ihre Wünsche formulieren und einbringen. Wäre es nicht eine tolle Motivation, wenn die Mitarbeitenden in der Pause im Garten essen könnten oder in eigens angelegten Hochbeeten Gemüse ziehen könnten?

Der eigene Garten ist einer der wenigen Orte, die wir fast ohne Einschränkungen nach unseren Vorstellungen und Wünschen gestalten können.

Bei bestehenden Gärten ist eine Vermessung vor Ort unerlässlich. Bestehende Gebäude, Wege, Plätze und Geländehöhen werden aufgenommen.

Wichtig ist eine Betrachtung des Bodenprofils. Mit einem Erdbohrer, der mit einem Holzhammer in die Erde getrieben wird, können Oberbodenstärken und Bodenzusammensetzungen festgestellt werden.

Analyse des Ist-Zustandes

Grundlagen beschaffen

Bei einem Neubau sind die notwendigen Grundlagen in der Regel vorhanden. Hier gilt es, das Vorhandene zu prüfen. Nicht immer stimmen die Baupläne mit dem effektiv realisierten Gebäude überein. Bei einer Gartenumgestaltung müssen wir die Grundlagen selber beschaffen und in der Regel vor Ort eine Bestandsaufnahme bezüglich Gelände und Vegetation vornehmen, um die aktuelle Situation aufzeichnen zu können.

Alle diese Grundlagen dienen dem Gestalter dazu, einen realistischen Plan zu entwerfen. Denn es hätte keinen Sinn, ein Gartenhaus an einem Ort zu planen, an dem ein erhaltenswerter Apfelbaum steht. Die Grundlagen helfen uns auch bei der Umsetzung des Projektes. Je genauer die Pläne sind, desto weniger Stress gibt es beim Bau des Gartens. Tatsächlich gibt es kaum etwas Mühsameres, als während des Baus dauernd Hauruckentscheidungen fällen zu müssen, nur weil der Plan nicht stimmt.

Vorhandene Schächte sollten geöffnet und fotografiert werden, damit einerseits die Funktion eines solchen Schachtes bestimmt werden kann und andererseits die Lage der Leitungen festgehalten wird. Diese Informationen sind bei umfangreichen Grab- und Erdarbeiten unerlässlich.

Folgende Grundlagen benötigen Sie für eine professionelle Gartenplanung:

- Katasterpläne (Situation 1:500, in der Regel beim örtlichen Katasteramt erhältlich)
- Leitungspläne von Strom, Fernsehen, Telefon, Gas, Kanalisation, Wasser (kann im Internet heruntergeladen oder bei den zuständigen Werken angefragt werden)
- Geländekarte (Geländehöhen, alle wichtigen Bauten wie Wege, Plätze, Teiche, Nebenbauten)
- Bestehende Vegetation (Bäume mit Stamm- und Kronendurchmesser, Sträucher, Hecken, Staudenflächen, Wiese, Rasen)
- Fotos vom Ist-Zustand (falls vorhanden, können auch Fotos vom Aushub oder Bau des Gebäudes hilfreich sein)
- Bei geschützten Objekten historische Bilder (wenn vorhanden)
- Aktuelle Baureglemente oder -vorschriften (auf der Website der Gemeinde)
- Servitute oder Grundbucheinträge über Dienstbarkeiten gegenüber Nachbarn oder der Gemeinde

Aus diesen Daten erarbeiten wir einen Grundlagenplan in einem geeigneten Maßstab, für den Hausgarten idealerweise im Maßstab 1:100 – das heißt, ein Zentimeter auf dem Plan entspricht im Maßstab 1:100 einem Meter in der Realität. Dieser Grundlagenplan enthält alle relevanten Informationen zur aktuellen Situation des geplanten Gartens. Zusammen mit der Wunschliste der Gartenbesitzer sind diese Informationen die Basis zur Erarbeitung eines individuellen Gartenkonzeptes.

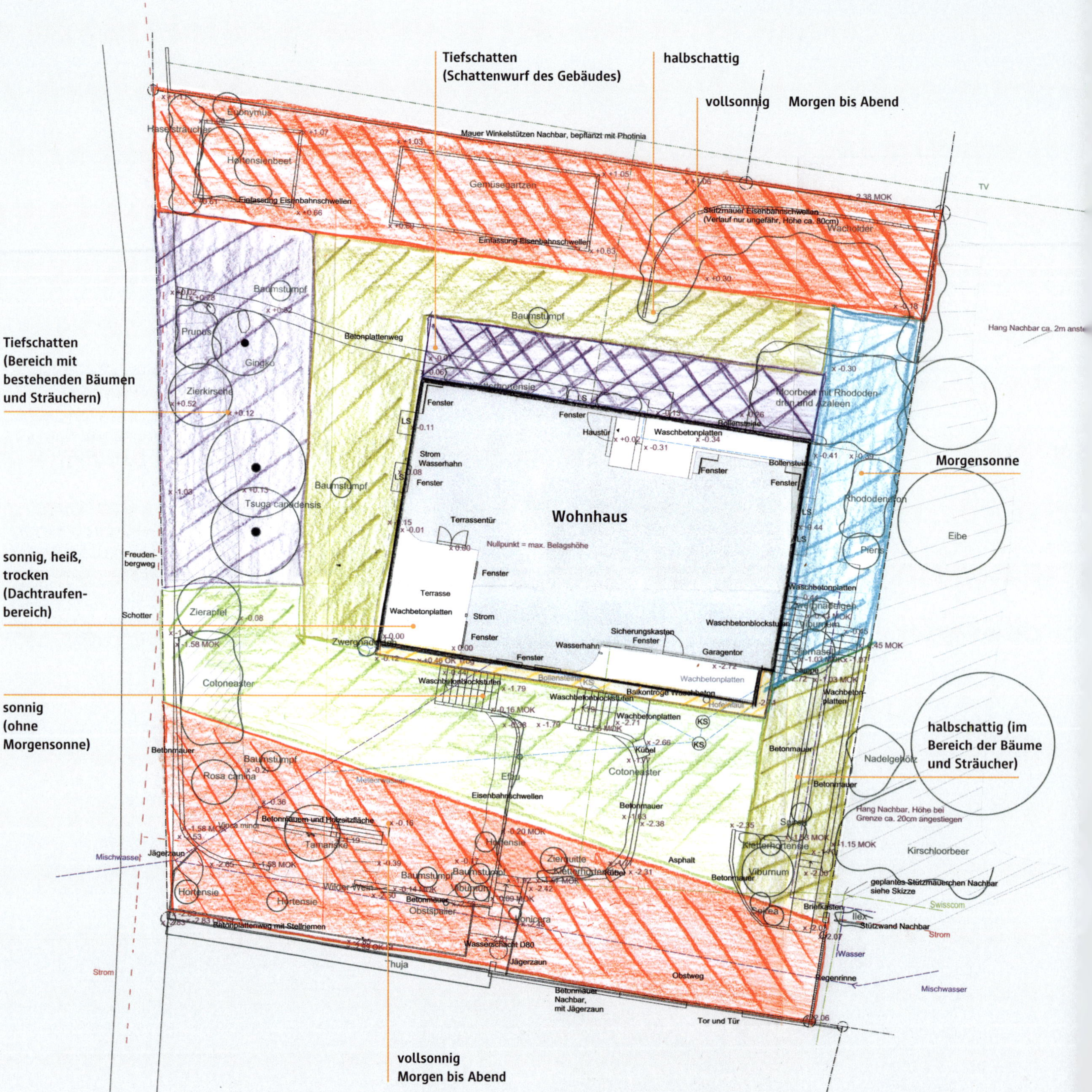
Tiefschatten
(Schattenwurf des Gebäudes)
halbschattig
vollsonnig
Morgen bis Abend
Tiefschatten
(Bereich mit
bestehenden Bäumen
und Sträuchern)
Morgensonne
sonnig, heiß,
trocken
(Dachtraufen-
bereich)
sonnig
(ohne
Morgensonne)
halbschattig (im
Bereich der Bäume
und Sträucher)
vollsonnig
Morgen bis Abend
Wohnhaus
Mauer Winkelstützen Nachbar, bepflanzt mit Photinia
Gemüsegarten
Hortensienbeet
Einfassung Eisenbahnschwellen
Stützmauer Eisenbahnschwellen
(Verlauf nur ungefähr, Höhe ca. 80cm)
Wacholder
Hang Nachbar ca. 2m anste
Baumstumpf
Betonplattenweg
Prunus
Gingko
Zierkirsche
Tsuga canadensis
Freuden-
bergweg
Schotter
Zierapfel
Cotoneaster
Moorbeet mit Rhododendron und Azaleen
Rhododendron
Eibe
Pieris
Fenster
Haustür
Waschbetonplatten
Strom
Wasserhahn
Terrassentür
Nullpunkt = max. Belagshöhe
Terrasse
Wachbetonplatten
Sicherungskasten
Garagentor
Waschbetonblockstufen
Balkontröge Waschbeton
Nadelgehölz
Betonmauer
Hang Nachbar, Höhe bei
Grenze ca. 20cm angestiegen
Kirschlorbeer
geplantes Stützmäuerchen Nachbar
siehe Skizze
Rosa canina
Tamariske
Hortensie
Wilder Wein
Obstspalier
Eisenbahnschwellen
Kletterhortensie
Viburnum
Spirea
Asphalt
Briefkasten
Ilex
Stützwand Nachbar
Swisscom
Strom
Wasser
Mischwasser
Regenrinne
Jägerzaun
Betonplattenweg mit Stellriemen
Wasserschacht D80
Thuja
Obstweg
Betonmauer
Nachbar,
mit Jägerzaun
Tor und Tür
TV

Analyse von Klima und Mikroklima

Orte und ihre Gärten liegen in verschiedenen Klimaregionen. So ist es verständlich, dass im appenzellischen Gais ein ganz anderes Klima herrscht als in Kilchberg am Zürichsee; dasselbe gilt für einen Garten auf der Schwäbischen Alp und einem in der Rheinebene bei Köln oder einen Garten in Mieming in Tirol und einem in der Stadt Wien. Diese Klimaregionen sind insbesondere bei der Wahl der Pflanzen sehr wichtig. Die Klimazone kann anhand einer Karte oder mithilfe einer Internetrecherche einfach und schnell bestimmt werden.

Für mich als Gartengestalter sind jedoch die diversen Mikroklimata rund um das Gebäude wichtiger, weil hier das eigentliche Potenzial des Gartens schlummert. Zur Bestimmung nehmen wir eine Kopie des Geländeplans und beginnen nun Stück für Stück, die verschiedenen Klimazonen auf unserem Grundstück zu ermitteln. Dabei interessiert uns Sonnenscheindauer, Feuchtigkeitsgehalt des Bodens, Beschattung und Wurzelkonkurrenz von eventuell vorhandenen Bäumen und Sträuchern sowie spezielle Situationen wie überschüttete Flächen von Tiefgaragen oder Fundamente von Bauten. Auf dem Plan zeichnen wir, am besten mit unterschiedlichen Farben, die verschiedenen Zonen ein. Sie helfen uns später, für jede Zone die richtigen Pflanzengesellschaften zu finden, die langfristig an diesem Ort gedeihen können.

Der Gebäudeplan mit Klimazonen ist hilfreich, um für jeden Bereich die richtigen Pflanzen zu finden.

Terraingestaltung, gute Einfügung bei Hanglage

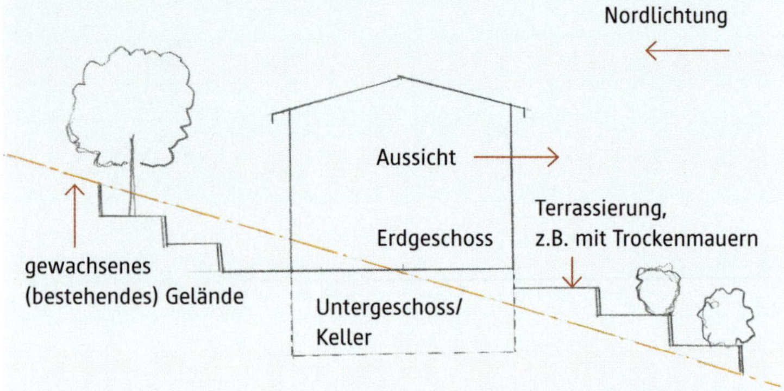

Terraingestaltung, schlechte Einfügung bei Hanglage

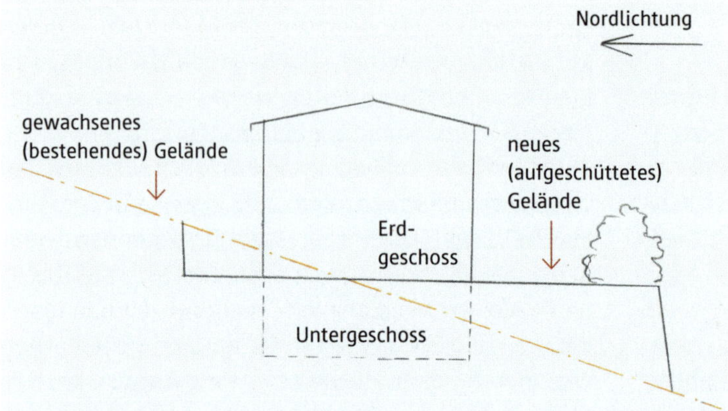

Terraingestaltung, gute Einfügung in ebenes Gelände

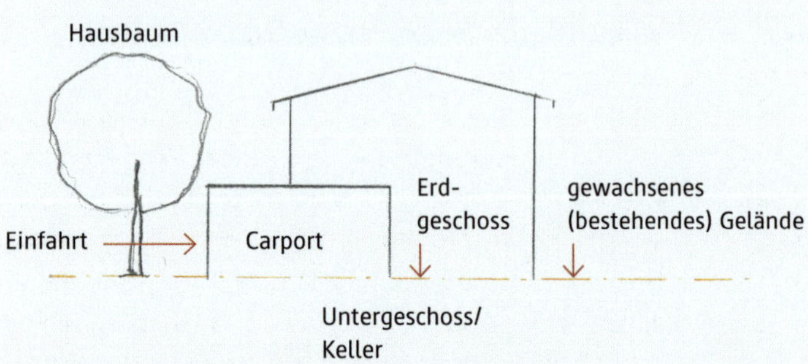

Terraingestaltung, schlechte Einfügung in ebenes Gelände

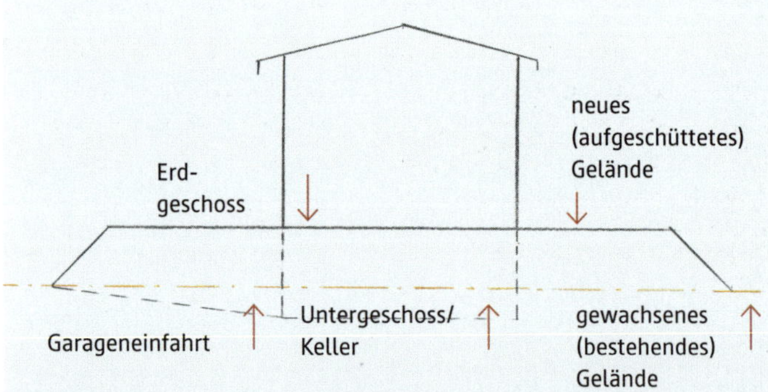

Terraingestaltung, Einfügung eines Teiches in Gelände

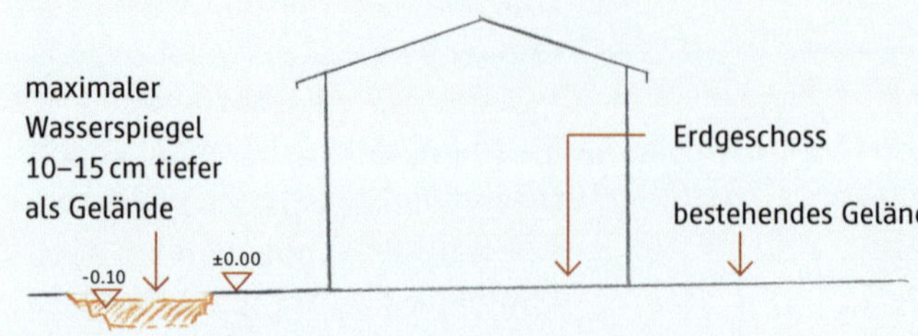

Terraingestaltung, Einfügung eines Teiches bei Hanglage

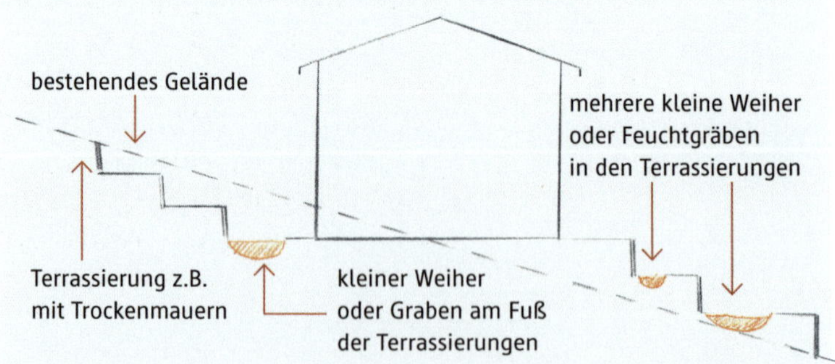

Entwurf – mit Intuition und Sachverstand Ideen skizzieren

Gedankenarbeit, die glücklich macht

Zugegeben, es gibt kaum eine schönere Tätigkeit, als Gärten zu entwerfen. Allerdings ist diese Entwurfsarbeit oft mit einem Mythos behaftet, der die Sache nicht ganz trifft. Entwurf ist harte Arbeit. Nach der Grundlagenbeschaffung kommt jetzt der zweite Teil, die Entwicklung des Konzeptes. Ein gutes Naturgartenkonzept ist eine Symbiose aus den Qualitäten des Ortes verbunden mit den Wünschen und Bedürfnissen der Menschen, die den Garten später nutzen. Es ist die Grundlage für Entfaltung und Dynamik.

Der Ort, an dem der Garten liegt, muss in das Konzept mit einfließen. Ein Garten in der Stadt kann nicht gleich aussehen wie ein Garten auf dem Land. Ein Grundstück außerhalb der Bauzone muss viel stärker auf die Umgebung und die Geschichte des Ortes Rücksicht nehmen als ein Grundstück in einem dicht bebauten Einfamilienhausquartier. Der Ort gibt eine grundlegende ästhetische und formale Richtung vor. Gartengestaltungen (übrigens auch Gebäude), die diese Tatsache ignorieren, gibt es leider viel öfter als gute Beispiele.

Gartenzimmer schaffen Raum für die unterschiedlichen Bedürfnisse der Gartenbenutzer. So gibt es zum Beispiel einen Wohnbereich nahe beim Haus, einen Sommersitzplatz, der von einem Baum beschattet wird, eine Sitznische, um sich zurückzuziehen, und einen Bereich, in dem Beeren und andere Nutzpflanzen angebaut werden.

Leider sind die meisten neuen Häuser schlecht in das Gelände eingepasst. Das mag daran liegen, dass es kaum Architekten gibt, die für die Einbettung ihrer Häuser einen Landschaftsarchitekten konsultieren, der sich mit Terraingestaltung auskennt. So stehen viele Häuser auf einem künstlichen Hügel, der dann von allen Seiten mit hässlichen Steinquadern aufgefangen werden muss. Das Einfügen in das Gelände ist neben der Pflanzenverwendung die Königsdisziplin der Gartengestalter. Es ist eine gute Portion räumliches Vorstellungsvermögen notwendig, um ein Gebäude sanft in das Gelände einzufügen.

Räumliches Konzept – den Garten in Zimmer einteilen

Stellen Sie sich Ihren Garten als offenen Raum vor, wie ein Haus ohne Zwischenwände. In diesem Raum richten wir verschiedene Zimmer ein – ganz genau so wie wir das auch im Haus machen. Selbstverständlich sind diese Gartenzimmer auf die jeweilige Nutzung ausgerichtet. So gibt es beispielsweise ein schattiges Zimmer für heiße Sommertage, eines für den Anbau von Beeren und Gemüse, eines zum Spielen, eines mit einer Außenfeuerstelle – und verschiedene kleine Nischen, in die wir uns zurückziehen können. Im Hotelgarten können dies verschiedene Liege- und Rückzugsorte sein, ein Raum für Spiel und Sport, ein Duftgarten zum Wandeln oder ein Kräutergarten, wo jene Kräuter wachsen, die im Restaurant serviert werden.

Das Weiche, Geschwungene, das Wildromantische schafft die Natur von selbst, wenn wir eine gewisse Dynamik zulassen.

Die räumliche Aufteilung eines Gartens in verschiedene Bereiche oder «Gartenzimmer» macht einen Garten spannend und erlebnisreich. Kleine Gärten wirken so viel größer, als sie in Wirklichkeit sind.

Mit einfachen, zurückhaltenden Formen schaffen wir die Grundlage für einen Garten, in dem die Natur sich entwickeln kann.

Auf unserem Grundlagenplan zeichnen wir die verschiedenen Gartenzimmer ein und prüfen, ob die gewünschte Nutzung mit den mikroklimatischen Bedingungen harmoniert. Wir prüfen die Größe der Räume, denn in einem sehr großen Zimmer fühlen sich einzelne Menschen oder kleine Gruppen schnell unwohl. Dabei nutzen wir auch Flächen, die auf den ersten Blick nicht sehr attraktiv erscheinen, zum Beispiel eine Fläche auf der Nordseite des Hauses, die praktisch immer im Schatten liegt. Hier kann für den Hochsommer ein wunderbarer Sitzplatz eingerichtet werden, der selbst bei großer Hitze angenehm kühl bleibt. Oder ein Streifen an der Grenze zum Nachbarn, den wir mit Spalierobst oder Beerenpflanzen sehr gut nutzen können, obwohl es nur ein schmales Stück Land ist. Gerade in der heute verbreiteten, verdichteten Bauweise ist es wichtig, den Raum sinnvoll und umsichtig zu nutzen.

Es lohnt sich, das räumliche Konzept mehrmals genau zu prüfen: Wurden alle Wünsche und Bedürfnisse wirklich berücksichtigt? Nutzt man den verfügbaren Raum gut aus? Hat es um den großen Esstisch herum genügend Platz, damit man sich frei bewegen kann? Sind ausreichend Nischen zum Verweilen eingeplant? Ein Garten kann nie zu viele Sitzplätze und Nischen haben, wenn wir ihn das ganze Jahr über nutzen wollen. Kleine Sitzmöglichkeiten an einer geschützten Hauswand erlauben es auch im Winter, bei Sonnenschein draußen zu sein. Im Sommer benötigt man Plätze, die natürlich beschattet werden und bei Hitze genügend Schutz vor direkter Sonneneinstrahlung bieten. Die Einteilung in verschiedene Zimmer lässt den Garten groß und vielfältig erscheinen. Schon manch ein Hausbesitzer hat gestaunt, was man mit einer klugen räumlichen Gestaltung aus einem handtuchförmigen, kleinen Reihenhausgarten machen kann.

Formales Konzept – Mut zu einfachen Formen

Der Naturgarten wird häufig mit mäandernden Formen assoziiert. Geometrische Linien scheinen eher verpönt zu sein. Völlig zu Unrecht, wie wir gleich sehen werden.

Es geht nicht darum, mit der Form des Gartens Natur zu imitieren – was wir mit geschwungenen Formen zweifelsohne versuchen. Vielmehr geht es darum, eine einfache, zurückhaltende Grundlage zu schaffen, auf der sich Natur entwickeln kann. Das Weiche, Geschwungene, das Romantische und Ungeplante schafft die Natur von selbst, wenn wir es zulassen! Je klarer die Grundgestaltung, desto besser wirken später die ungeplanten Formen der Natur. Was den optischen Reiz eines naturnahen Gartens ausmacht, ist das Aufeinandertreffen von klar Gestaltetem und wilden Aspekten. Auch nach Jahren lassen sich trotz natürlicher Dynamik klare Grundstrukturen noch ablesen. Solch ein Garten erzählt eine Geschichte und wirkt authentisch – hier verbinden sich Gartengestaltung und natürliche Dynamik, wie es im Wort Naturgarten so treffend zum Ausdruck kommt.

Nachhaltige Materialien sind regional und sozialverträglich produzierte Werkstoffe, wie in diesem Beispiel mit Steinen und Kies aus der Region.

Bäume und Sträucher bilden das Grundgerüst des Gartens. Mit ihnen werden Räume geschaffen, Plätze beschattet und Sichtschutz gestaltet.

Materialwahl – nachhaltig und schön

Nachhaltige Materialien sind Werkstoffe, die regional produziert werden. Sie werden von Unternehmen hergestellt, die umweltschonende und sozial verträgliche Produktionsabläufe haben. Ein nachhaltiges Material ist langlebig, da robust und zeitlos. Es unterliegt keinem aktuellen Trend.

Für mich sind Materialien schön, wenn sie im Lauf der Zeit eine spezielle Patina bilden. In der Regel sind das schlichte Materialien im Rohzustand, ohne technische Behandlung. Dazu zählen Naturstein und Holz in ihrer ursprünglichen Form. Aber auch Materialien aus Beton finden im Naturgarten Verwendung, sei es in Form von Bodenbelägen oder Mauern aus Recyclingmaterial. Schön ist ein Material, wenn es den Gartenbesitzern gefällt und bei ihnen gute Gefühle auslöst. Schön ist ein Material auch, wenn es sich gut anfühlt. So zum Beispiel ein Bodenbelag aus Sandstein, den die Sonne aufwärmt. Am Abend, wenn wir barfuß darüber gehen, gibt er diese gespeicherte Wärme wieder ab. Ein Klinkerboden, der mit seinen Erdfarben ein Gefühl der Geborgenheit vermittelt. Oder ein Boden aus Holz, der schon beim Anblick Wärme ausstrahlt und im Sommer trotz großer Hitze angenehm zu begehen ist.

Der Witterung ausgesetzt, bilden naturbelassene Materialien mit der Zeit eine Patina. Es ist das, was uns an alten Dörfern und Städten fasziniert, wenn Materialien eine Geschichte erzählen.

Im Garten darf es ruhig mehrere Materialqualitäten nebeneinander geben. So wird man für einen Vorplatz, auf dem sich Fahrzeuge bewegen, in erster Linie einen funktionalen und belastbaren, durchlässigen Belag wählen. Für einen Schattenplatz hinter dem Haus, auf dem wir uns geborgen fühlen sollen, verwenden wir eher einen Kies- oder Rindenbelag. Der Sitzplatz mit dem Esstisch, an dem wir die meiste Zeit im Garten verbringen, ist dafür mit einem schönen, einheimischen Naturstein ausgelegt.

Trockene Streifen entlang von Fassaden sind ideale Standorte für Kräuter wie Thymian, Salbei, Lavendel oder heimische Sonnenanbeter wie die Karthäusernelke oder das Rosmarin-Weidenröschen.

Die richtigen Pflanzen und Lebensgemeinschaften

Wir beginnen mit dem Gerüst des Gartens, den Bäumen und Sträuchern. Sie sind die Protagonisten unseres Gartens, mit ihnen werden Räume gebildet, Schattenplätze gestaltet und Sichtschutz wird geschaffen. Sie sind der Grundstein der Gartengestaltung. Ergänzt werden sie durch verschiedene Stauden-Lebensgemeinschaften, die den unterschiedlichen Standorten optimal angepasst sind. Für eine beständige Pflanzung bauen wir auf den bestehenden Bodenstrukturen auf und wählen die Pflanzengemeinschaften entsprechend aus. Es ergibt keinen Sinn, für Rosmarin, Ginster und andere Sonnenhungrige den Oberboden 30 cm tief abzutragen und ein Kiesgemisch aufzuschütten, wenn sich darunter ein verdichteter Lehmboden befindet. Solche Anlagen sind in den ersten Jahren beeindruckend, lassen aber mit den Jahren nach. Irgendwann macht sich der Untergrund bemerkbar und trockenheitsliebende Stauden oder Gehölze verabschieden sich.

Bei der Wahl der Bäume und Sträucher ist es wichtig, die Ansprüche an Klima und Boden der einzelnen Arten zu kennen. Wir müssen wissen, wie groß sie im ausgewachsenen Zustand (Höhe und Breite!) sein werden und mit welchen Pflanzen sie sich gegenseitig vertragen und eine Lebensgemeinschaft bilden. Im Naturgarten bevorzugen wir einheimische Arten, da nur sie eine Lebensgrundlage für einheimische Tiere bieten. Wer Kirschlorbeer, Forsythien und Thujen pflanzt, kann lange auf Vögel und Schmetterlinge warten – sie sind auf die Blüten und Früchte von Schlehdorn, Hundsrose, Liguster oder Heckenkirsche als Nahrungsgrundlage angewiesen.

Die Pflanzenauswahl für halbschattige und schattige Standorte ist spannend und reichhaltig. Farne, Gräser, Anemonen, Glockenblumen oder der Waldmeister fühlen sich hier wohl.

Standortgerechte Stauden-Lebensgemeinschaften bringen Farbe und Leben in den Garten. Während der Blütezeit ist es ein Vergnügen, die tanzenden Schmetterlinge und surrenden Wildbienen zu beobachten.

Hier hat sich eine Gartenbesitzerin den Traum vom eigenen Atelier mitten im Garten realisiert – eine einfache Holzkonstruktion mit Glaswänden, die sich im Sommer aufschieben lassen. Im Winter sorgt ein kleiner Ofen für wohlige Wärme im Arbeitsraum.

In meinen Augen ergibt es auch keinen Sinn, in neu angelegten Gärten Spezialitäten, wie Orchideen oder Pflanzenarten, deren Vorkommen sehr stark begrenzt ist, zu pflanzen, die meist sehr hohe Ansprüche an die Bodenverhältnisse haben. Solche Arten können nach einigen Jahren Reifezeit nachträglich noch eingebracht werden. Grundsätzlich denken wir bei der Pflanzung nicht in Jahren, sondern in Jahrzehnten. So lange dauert es, bis sich ein Apfelbaum oder eine Strauchgruppe zur vollen Größe entwickelt hat. Nach dieser Zeit erst sieht man, ob die Pflanzplanung nachhaltig war oder nicht. Wenn wir bereits nach drei oder vier Jahren an unseren Sträuchern herumschnippeln müssen, war die Auswahl falsch. Es gibt kaum einen besseren Ort als den eigenen Garten, um den zeitlichen Dimensionen der Evolution etwas näher zu kommen. Im Garten wird nur belohnt, wer Geduld und Weitsicht mitbringt. Kurzfristiges Denken führt zu nichts.

Aus filigranen Metallprofilen lässt sich ohne großen Aufwand ein Rankgerüst für Kletterpflanzen erstellen – im Hochsommer ein wunderbar lauschiger Sitzplatz mit natürlicher Beschattung.

**Gartenschuppen & Co. –
Anbauten, Nebengebäude und Ausstattungen**

Die Gestaltung von Nebengebäuden wie Carports, Garten- und Gewächshäusern sollte genauso in die Grundplanung des Gartens einfließen wie Lauben, Pergolen und Hochbeete. Zum einen ist es wichtig, die richtigen Standorte zu definieren, zum anderen benötigt man für solche Nebenbauten in der Regel eine Baugenehmigung. Dafür muss man beim zuständigen Bauamt einen Plan einreichen. Größe und Material dieser Bauten sollten auf andere Gartenelemente abgestimmt werden, selbst wenn sie erst zu einem späteren Zeitpunkt realisiert werden. Sinnvoll ist auch, mögliche Erschließungsleitungen für Strom, Wasser, Gas oder WLAN bereits bei den Erdarbeiten zu verlegen. Müssen Leitungen nachträglich verlegt werden, verursacht dies nicht selten hohe Kosten und erfordert den Rückbau von bereits erstellten Wegen und Anlagen. Ein Gartenarchitekt wird auch dafür sorgen, dass Leitungen nicht im Bereich von Bäumen und Sträuchern liegen, damit sie immer zugänglich sind.

Abstellraum für Fahrräder und Gartenutensilien – durch die Berankung an der Fassade integriert sich dieses Nebengebäude nahtlos in den romantischen kleinen Stadtgarten.

Die einfachste Art, eine Gartenlaube zu bauen: eine Kuppel aus Weidenruten, die mit den Jahren zu einem Pavillon verwachsen.

Gartenbeleuchtung – funktional und stimmungsvoll

In Hotel- oder Restaurantgärten und in Wohnanlagen, die von vielen Menschen genutzt werden, ist eine funktionale Beleuchtung für Zugangswege Pflicht. Auch bei Gewerbebauten sollten die oft benutzten Zugänge im Garten richtig beleuchtet werden. Im privaten Hausgarten ist es jedem überlassen, ob er eine Beleuchtung installieren will. Gerade bei schwierigen Zugängen mit Treppenstufen oder langen Wegen bis zur Haustür ist eine Beleuchtung empfehlenswert. Funktionales Licht muss so konzipiert sein, dass es den Weg ausleuchtet, die Leuchten dabei den Gehenden aber nicht blenden.

Ganz anders die Stimmungsbeleuchtung. Hier scheiden sich bei den Naturgärtnern die Geister. Die einen lehnen eine Beleuchtung strikt ab, da bei Licht – selbst bei hellem Vollmond – zum Beispiel die männlichen Glühwürmchen den Weg zu den Weibchen nicht finden. Andere Naturgärtner sehen bei dezenter Anwendung keine Probleme, zumal diese Stimmungsbeleuchtung nicht ganze Nächte eingeschaltet bleibt, sondern nur für einige Stunden. Vor allem im Winter und in den Übergangsmonaten, wenn die Tage noch kürzer sind, kann eine Stimmungsbeleuchtung den Garten auch dann ins Haus holen, wenn man nicht draußen sitzen kann. Anstelle von schwarzen Löchern sieht man durch die Fenster den Garten und kann den Gartenraum oder einzelne Pflanzen erfassen. Stimmungsbeleuchtung sollte immer sehr dezent und fokussiert eingesetzt werden. Im Garten werden heute ausschließlich LED-Leuchten verwendet. Es ist durchaus sinnvoll, die Beleuchtung zusammen mit dem Gartengestalter zu planen, da er am besten weiß, welche Pflanzen angeleuchtet eine schöne Stimmung erzeugen. Zudem werden die Leitungen und allfällige Verteilschächte ohnehin vom Gartenbauer erstellt.

Machbarkeit und Kosten ermitteln

Gartengestalter mit sehr viel Erfahrung oder eigenem Ausführungsbetrieb sind in der Regel ein Garant dafür, dass sich die geplanten Maßnahmen problemlos technisch umsetzen lassen. Wer bis zu diesem Punkt alles selber geplant hat, sollte spätestens zum jetzigen Zeitpunkt einen Gartenbauer mit Naturgartenwissen und Erfahrung beiziehen. Dieser Fachmann wird das Projekt auf Machbarkeit prüfen und – wenn gewünscht – eine Kostenschätzung erstellen. Arbeitet man von Anfang an mit einer Fachperson zusammen, wird diese schon beim ersten Gespräch das Budget abfragen, denn letztlich muss sich der Garten auch finanzieren lassen. Vielen Hausbesitzern ist nicht bewusst, dass eine Gartenanlage auch in Etappen gebaut werden kann. Insgesamt ist das nicht günstiger, aber die Investitionen können so über mehrere Jahre verteilt werden.

Mittlerweile findet man im Internet Angaben zu Kosten für einzelne Gartenelemente. Dort kann man nachlesen, was ein Quadratmeter Kiesweg oder ein Quadratmeter Naturschwimmteich kostet. Diese Preise sind alle mit Vorsicht zu genießen. Sie berücksichtigen die individuelle Situation einer Gartenanlage nicht, zum Beispiel schwierige Zugangswege, eine Hanglage oder einen nicht tragfähigen Untergrund. Auf jeden Fall ist eine Kostenberechnung aufgrund eines individuellen Konzeptes zuverlässiger. Seien Sie bei der Wahl Ihres Gartengestalters oder Gartenbauers ruhig kritisch. Lassen Sie sich eine Referenzliste von Naturgärten geben. Schauen Sie sich Gärten an und reden Sie mit den Gartenbesitzern, welche Erfahrungen sie gemacht haben.

Perspektivenwechsel – überraschende Ein- und Ausblicke schaffen

Verschiedene Sitzplätze im Garten bieten neben dem Jahreszeitenaspekt auch die Möglichkeit, den eigenen Garten aus unterschiedlichen Blickwinkeln zu erleben. Bei der Planung von Aufenthaltsorten tragen wir diesem Aspekt besonders Rechnung. Geht man von einem Platz zum anderen, hat man das Gefühl, immer wieder an einem neuen Ort anzukommen. Berücksichtigt man bei der Pflanzung die jahreszeitlichen Aspekte, entsteht selbst auf kleinstem Raum ein Ort der Überraschungen. Dazu sind keine großen Bauten oder Einrichtungen notwendig, was es braucht, ist räumliches Vorstellungsvermögen und Fantasie.

Ein besonders gelungenes Beispiel ist der Hermann-Hesse-Garten in Gaienhofen am Bodensee. Hier hat man mit einfachsten Mitteln – oft ist es nur eine Bank unter einem Baum oder eine Sitznische mit einem einzelnen Stuhl – einen Garten geschaffen, der immer wieder mit überraschenden Ausblicken in die Landschaft und Einblicken in kleine Gartenbereiche aufwartet.

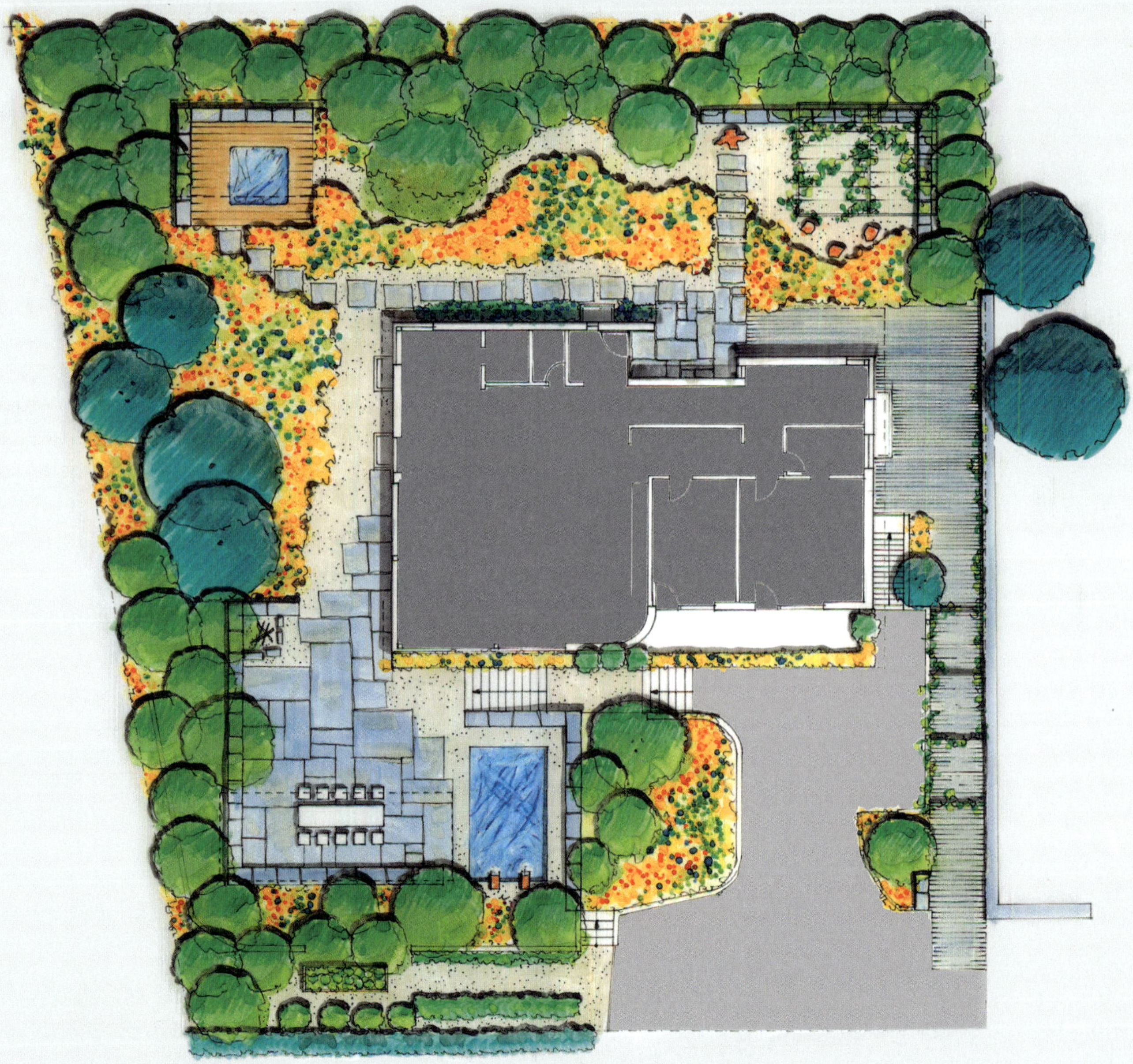

Neues Leben für ein Einfamilienhaus aus den 1970er-Jahren

Anstatt das Haus abzubrechen, wurde es an moderne Bedürfnisse angepasst und die großzügige Gartenanlage komplett umgestaltet. Die Bauherrschaft wünschte sich einen Garten, der sozusagen in die Räume des Gebäudes fließt. Verschiedene Sitzplätze standen auf der Wunschliste, ebenso wie ein kleiner Badeteich und eine Bepflanzung aus vorwiegend einheimischen Arten.

Der Zugang zum Haus wurde mit einer Treppe aus Natursteinen gestaltet. Neu im Garten ist der kleine Badeteich.

Naturgarten auf verschiedenen Ebenen in den Hang gebaut – verwunschenes Mehrfamilienhaus mit Blick auf den Zürichsee

Das altehrwürdige Wohnhaus wurde sanft renoviert. Im Garten sollte diese sanfte Vorgehensweise fortgesetzt werden. So entstand ein Brunnenhof, der mit den vorhandenen Pflastersteinen neu angelegt wurde. Ein großer Nutz- und Naschgarten mit Gemüse, Kräutern, Beeren und Früchten kann von allen Hausbewohnern genutzt werden. Ein Feuerplatz und verschiedene kleine Spielnischen laden zum Verweilen ein. Die bestehenden Bäume wurden weitgehend erhalten und durch heimische Arten ergänzt.

Ein großer Teil dieses Grundstückes bestand aus einer kaum genutzten Wiese.

Der Garten wurde in verschiedene Räume aufgeteilt. Vor dem Haus steht heute ein Brunnen.

AXEN-WALD

Ferienparadies in Morschach mit naturnaher Umgebung

Für diese Hotel- und Ferienhausanlage wurde ein Gesamtkonzept für eine naturnahe Anlage mit dem Ziel erstellt, die Anlage von der Stiftung Natur & Wirtschaft zertifizieren zu lassen. Das Konzept wird über mehrere Jahre in Schritten umgesetzt und naturnah, also ohne Pestizide und Kunstdünger bewirtschaftet.

Im repräsentativen Bereich der Anlage wurde bewusst eine Mischung von einheimischen Arten und Zierstauden eingesetzt, um die Blütezeit zu verlängern.

Ein Sommernachtstraum am Hönggerberg in Zürich

Die Lage des Gebäudes und das Hanggrundstück schaffen ideale Voraussetzungen für eine kleinräumige und vielfältige Gestaltung. Mit dem Konzept werden möglichst vielgestaltige Gartenzimmer geschaffen. Die unterschiedlichen mikroklimatischen Bereiche werden geschickt genutzt, damit eine große Pflanzenvielfalt mit vielen heimischen Arten entsteht. Obst- und Beerensträucher, Gemüse und Kräuter, aber auch eine schöne Auswahl an Stauden finden ihren Platz.

Verwunschener Garten mit einmaligem Blick auf den Zugersee

Das Konzept für diesen Garten wurde im ersten Durchgang von der Baubehörde mit der Begründung abgelehnt, dass die Gestaltung zu avantgardistisch sei. Letztendlich wurde das Konzept mit den geschwungenen Mauern aber wie geplant umgesetzt. Der «versteckte» Garten fügt sich wunderbar in die Landschaft ein und erschließt sich dem Besucher erst beim Eintreten in die verschiedenen Gartenräume. Der großzügige Ausblick steht im Gegensatz zu den geborgenen, perfekt ins bestehende Gelände eingefügten Gartennischen.

Schmetterlingsparadies mitten im Dorfkern – Naturgarten um ein historisches Wohnhaus

Gefragt war ein Konzept für ein Wohnhaus im geschützten Dorfzentrum. Das Ziel war, mit wenigen baulichen Maßnahmen eine komplett neue Gartensituation und vor allem eine ökologische Aufwertung zu erreichen. Pflanzungen mit heimischen Sträuchern und großflächige Staudenpflanzungen erzielten die gewünschte Wirkung.

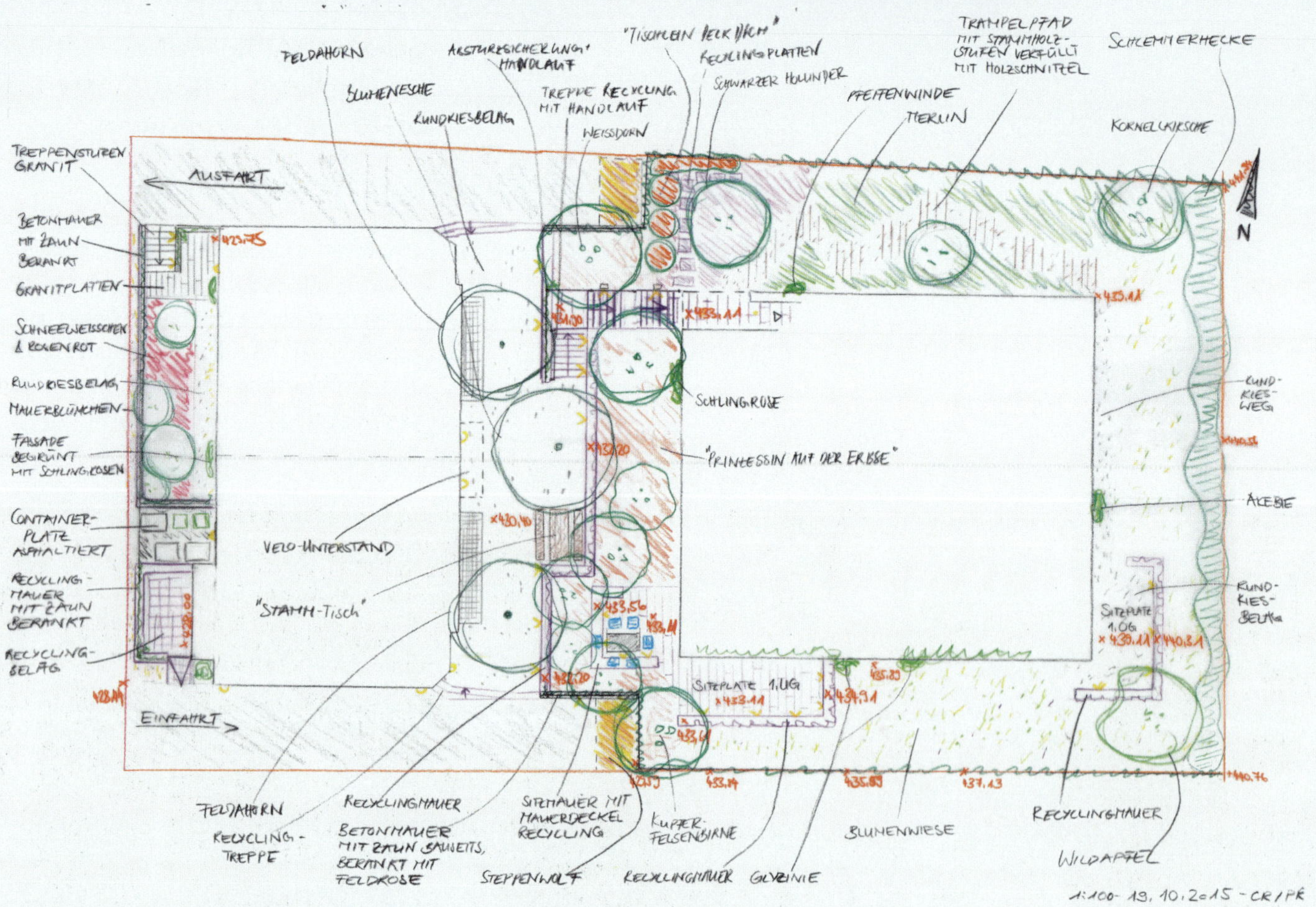

FELDAHORN
BLUMENESCHE
RUNDKIESBELAG
ABSTURZSICHERUNG/HANDLAUF
TREPPE RECYCLING MIT HANDLAUF
WEISSDORN
"TISCHLEIN DECK DICH"
RECYCLINGPLATTEN
SCHWARZER HOLUNDER
PFEIFENWINDE
MERLIN
TRAMPELPFAD MIT STAMMHOLZSTUFEN VERFÜLLT MIT HOLZSCHNITZEL
SCHNEEBALLHECKE
KORNELKIRSCHE
N
TREPPENSTUFEN GRANIT
AUSFAHRT
BETONMAUER MIT ZAUN BERANKT
GRANITPLATTEN
SCHNEEWEISSCHEN & ROSENROT
RUNDKIESBELAG
MAUERBLÜMCHEN
FASSADE BEGRÜNT MIT SCHLINGROSEN
CONTAINERPLATZ ASPHALTIERT
RECYCLINGMAUER MIT ZAUN BERANKT
RECYCLINGBELAG
EINFAHRT
VELO-UNTERSTAND
"STAMM-TISCH"
SCHLINGROSE
"PRINZESSIN AUF DER ERBSE"
RUNDKIESWEG
AKEBIE
SITZPLATZ 1.UG
SITZPLATZ 1.OG
RUNDKIESBELAG
FELDAHORN
RECYCLINGTREPPE
RECYCLINGMAUER
BETONMAUER MIT ZAUN BAUSEITS, BERANKT MIT FELDROSE
SITZMAUER MIT MAUERDECKEL RECYCLING
STEPPENWOLF
KUPFERFELSENBIRNE
RECYCLINGMAUER
GLYZINIE
BLUMENWIESE
RECYCLINGMAUER
WILDAPFEL
1:100 - 19.10.2015 - CR/PK

Haus am Berg – verdichtetes Bauen in der Stadt

Verdichtet bauen und trotzdem naturnahe Grünflächen erhalten war das Ziel bei diesem Konzept eines Wohnhauses in der Stadt Zürich. Die extreme Hanglage eröffnet Potenziale für eine Gestaltung auf verschiedenen Ebenen. Fassaden und Dachflächen sind Teil der Gestaltung.

Wenn Innen und Außen eins werden – ein lauschiger Hofgarten ganz ohne Rasen

Auch kleine Gärten wie dieser Wohngarten eines Einfamilienhauses können zu kleinen Naturoasen umgestaltet werden. In diesem Fall wurden zwei Varianten entwickelt, um der Bauherrschaft verschiedene Möglichkeiten aufzuzeigen. Schon wenige Quadratmeter genügen, um lauschige Plätze zu gestalten und einen Lebensraum zu schaffen.

Im Obstgarten

Den Charakter des gewachsenen Obstgartens zu erhalten, war ein Herzenswunsch der Bauherrschaft. Um mehr Privatsphäre und Geborgenheit zu schaffen, wurden einzelne Bereiche in lauschige Nischen verwandelt, die unterschiedliche Qualitäten in Bezug auf Licht und Schatten haben. Gerahmt werden sie von einheimischen Wildsträuchern, -stauden und Rosen. Verbindendes Element ist die Streuobstwiese, in der im Frühling Zwiebelpflanzen wie Krokus, Apollo-Hyazinthe, Schlüsselblume und Dichternarzisse erblühen.

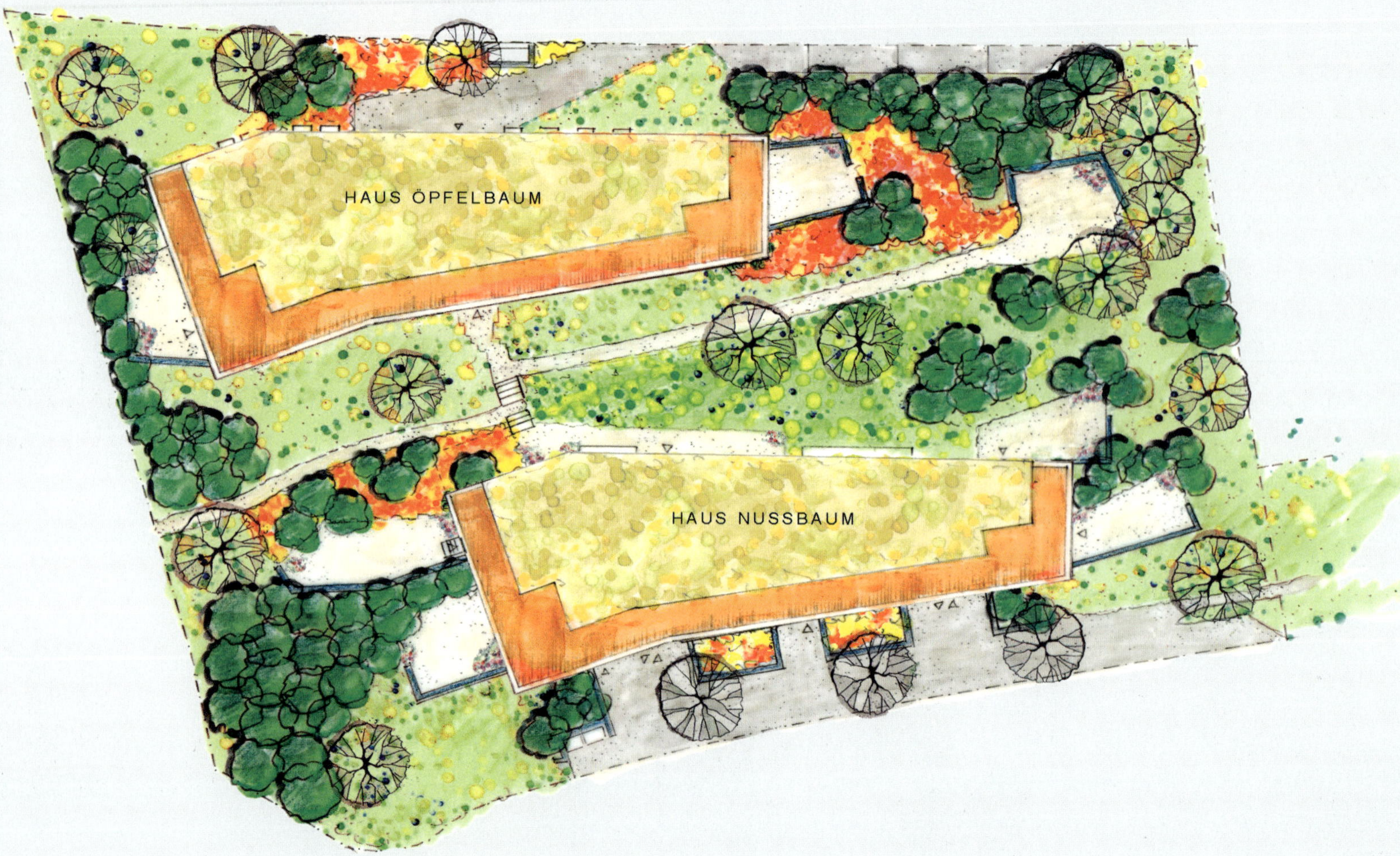
HAUS ÖPFELBAUM
HAUS NUSSBAUM

Wohnhäuser im ehemaligen Obstgarten

Hier entstand ein Konzept für einen Naturgarten für zwei Wohnhäuser in einer ehemaligen Streuobstwiese. Der Garten ist so angelegt, dass verschiedene lauschige Plätze und Nischen entstehen und trotzdem der Charakter des ehemaligen Obstgartens noch erlebbar ist.

Vorbereitung – vom Konzept auf den Boden der Tatsachen

Und zuweilen, wenn ich barfuß auf der Erde stehen bleibe und nicht weitergehe, spüre ich, dass sie mich behutsam festhält, mich daran erinnert, dass ich doch ihr entstamme und ihr gehöre.

Meir Shalev

Rückschnitt von Kräutern, Stauden oder Gräsern bei Umpflanzung
(z.B. Thymian, Bohnenkraut, Salbei, Rosmarin)

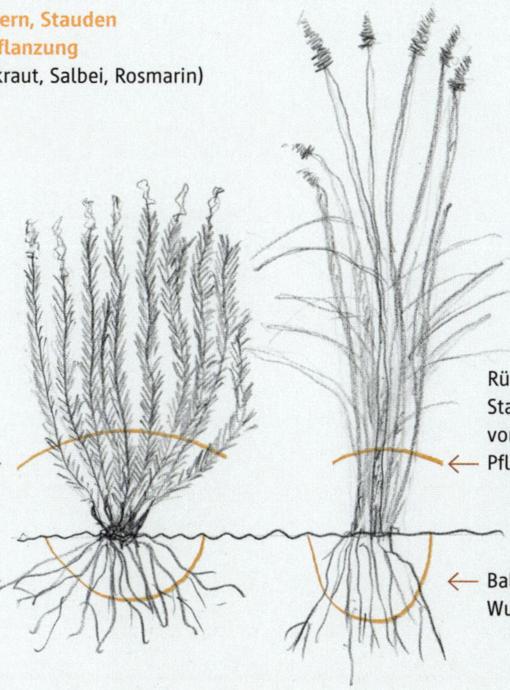

Rückschnitt eines Strauches bei Umpflanzung

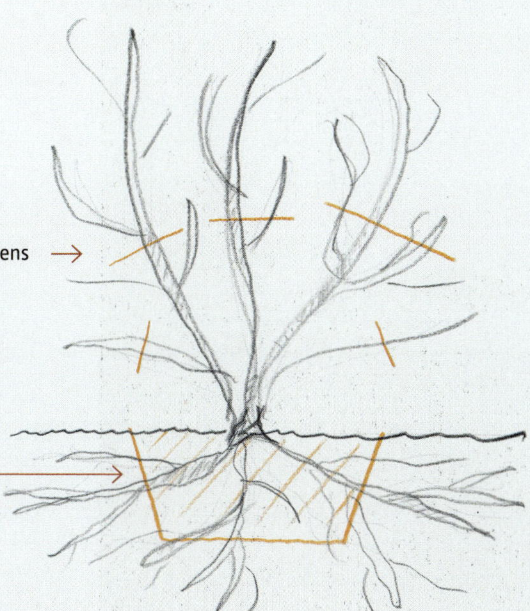

Das Terrain vorbereiten

Pflanzen schützen und bergen

Die ersten praktischen Handgriffe bei einer Gartengestaltung gelten den Pflanzen. Gewächse, die erhalten bleiben, werden fachgerecht geschützt oder bis zur Wiederverwendung an einem anderen Ort eingepflanzt. Wer schon einen Garten hat, weiß, wie lange es dauert, bis Bäume und Sträucher eine gewisse Größe erreicht haben. Besonders ältere Exemplare können, wenn sie schon mehr als zehn Jahre am gleichen Ort stehen, nur schwierig oder gar nicht verpflanzt werden. Wird neu gebaut oder der Garten umgebaut, müssen sie geschützt werden. Am einfachsten ist es, einen Bretterzaun um die Bäume herum aufzustellen. In erster Linie geht es darum, den Wurzelbereich zu schützen. Dieser darf weder mit schweren Maschinen befahren, noch dürfen dort Materialien gelagert werden. Der Zaun hat die Dimension des Kronenumfangs, der in etwa der Größe des Wurzelbereichs eines Baumes entspricht.

Notwendige Schnittmaßnahmen, zum Beispiel, wenn die Krone im Bereich eines Gebäudes liegt, müssen sorgfältig und sachgemäß ausgeführt werden. Jede Schnittstelle ist ein potenzieller Krankheitsherd und muss vom Baum mit viel Energie abgeschottet und verwachsen werden. Bäume, die späteren Bauten im Weg stehen und stark zurückgeschnitten werden müssten, sollten besser gefällt und durch junge Bäume ersetzt werden.

Nach dem Ausgraben werden die Wurzeln mit Rebschere und Handsäge sauber angeschnitten, damit sich an dieser Stelle neue Feinwurzeln bilden können.

Pflanzenballen, die transportiert oder über längere Zeit eingeschlagen werden, müssen mit einem Jutetuch (Ballentuch) gesichert werden.

Bäume und Sträucher werden sorgfältig umgraben und der Ballen wird vollständig freigelegt. In der Regel wird diese Arbeit von Hand ausgeführt, bei größeren Exemplaren kommt ein Kleinbagger zum Einsatz.

Liste von Pflanzen, die sich gut bergen lassen

Stehen erhaltenswerte Pflanzen in einem Bereich, der von den Bauarbeiten beeinträchtigt ist, werden sie geborgen. Das heißt, sie werden sorgfältig mit genügend Wurzelmasse ausgegraben, zurückgeschnitten und an einem sicheren Ort eingepflanzt. Ist dies nicht möglich, können sie auch in Töpfen zwischengelagert werden. Nach dem Ausgraben ist ein Rückschnitt wichtig. Reduziert man Wurzelmasse, muss auch Blattmasse entsprechend reduziert werden. Wird dies nicht gemacht, ist die Gefahr, dass die Pflanze den Umbau nicht überlebt, viel größer. Bis die Pflanzen an ihren Bestimmungsort umziehen, müssen sie regelmäßig gegossen werden.

- Generell alle ausdauernden Stauden wie Pfingstrose, Storchschnabel, Frauenmantel, Staudenphlox, Margerite, Flockenblume
- Alle Farne und Gräser
- Mehrjährige Kräuter wie Rosmarin, Salbei, Thymian, Bohnenkraut, Lavendel, Liebstöckel, Meerrettich, Minze, Melisse
- Sträucher, die nicht länger als 5 Jahre an dieser Stelle im Garten stehen, wie Haselstrauch, Rose, Felsenbirne, Kornelkirsche, Schneeball, Liguster, Beerensträucher
  Sträucher werden vor dem Ausgraben um mindestens 50 % zurückgeschnitten
- Bäume, die nicht länger als fünf Jahre an dieser Stelle im Garten stehen, wie Ahorn, Linde, Eiche, Rosskastanie, Birke, Kirsche, Buche, Nussbaum und Obstbäume; sie werden im Kronenbereich um ca. 30 Prozent reduziert

Tipp

Alle Pflanzen vor dem Ausgraben stark zurückschneiden, das heißt, die Äste wie oben beschrieben einkürzen. Die Stöcke nach dem Ausgraben sofort wieder einpflanzen, zum Beispiel in Kisten, Töpfe oder im Boden. Nach dem Einpflanzen und auch während der Bauzeit gut wässern.

Rückbau von Belägen, Bauten und Ausstattungen

Oftmals müssen alte Strukturen vor einer Neu- oder Umgestaltung entfernt werden. Diese Arbeiten werden direkt nach dem Schützen und Bergen der Pflanzen ausgeführt. Es lohnt sich, auch hier sorgfältig zu arbeiten. Grundsätzlich müssen heute alle zurückgebauten Materialien getrennt entsorgt werden. Bodenbeläge, deren Fugen aus Mörtel bestehen oder die in Zement verlegt sind, können in der Regel nicht weiterverwendet werden und müssen entsorgt werden. Alle anderen Bodenbeläge gilt es, auf ihre Funktionsfähigkeit und Haltbarkeit zu prüfen. Es gibt verschiedene Naturstein- und Betonmaterialien, die für Bodenbeläge und Recyclingmauern neu kombiniert werden können. Auch für Holzbalken oder Verschalungen, die noch einigermaßen intakt sind, finden sich Abnehmer. Alte Spielgeräte, Gerätehäuser, Leuchten, Bänke und vieles mehr sollten, sofern sie noch funktionsfähig sind, wiederverwendet werden. Bei problematischen Baustoffen wie altem Faserzement (Asbest), Eisenbahnschwellen (Teerölimprägnierung), Teichfolien (PVC), imprägnierten oder behandelten Hölzern ist beim Rückbau Vorsicht geboten. Diese Materialien müssen bei speziellen Abgabestellen entsorgt werden.

Bodenbeläge, die auf Mörtel verlegt sind, können in der Regel nicht weiterverwendet und müssen entsorgt werden.

Bestehende Beläge und Bauten schützen

Bei Gartenumgestaltungen sollen oft bestehende Bodenbeläge, vorhandene Kleinbauten, Zäune, Brunnen und Teiche erhalten bleiben. Es gilt, diese Bauten vor dem Auffahren der Bagger zu schützen. Bodenbeläge werden einfach mit Vliesmatten zugedeckt. Sollen sie während der Bauzeit befahren werden, kommt auf das Vlies eine Abdeckung aus Holzbrettern oder Schaltafeln. Bewährt haben sich auch Bodenschutzmatten aus Hartkunststoff. Fassaden, Geländer oder Kleinbauten werden mit Bauplastik und Vlies vor Verunreinigungen geschützt. Besonders gefährdete Ecken und Kanten können zusätzlich mit Holzbrettern verkleidet werden. Bereiche, in denen Brunnen oder wertvolle Skulpturen stehen, werden mit gut sichtbarem Warnband eingezäunt.

Teiche können ebenfalls mit Warnband oder einem Bretterzaun umfasst werden. Sind grobe Verunreinigungen zu erwarten, kann die Wasserfläche zusätzlich mit Brettern abgedeckt werden. Wer sich Zeit nimmt und diese Arbeiten akribisch ausführt, muss sich später nicht mit vermeidbaren Schäden herumschlagen.

Solche Verdichtungen können mit dem Auslegen von Bodenschutzmatten verhindert werden.

Bei Einsätzen von mobilen Baukränen müssen Beläge entsprechend geschützt und abgedeckt werden, damit die schweren Punktlasten der Stützen keine bleibenden Eindrücke hinterlassen. Steht der Kran auf öffentlichem Grund oder gar auf dem Boden des Nachbarn, empfiehlt es sich, vor dem Einsatz Bilder vom Zustand des Bodenbelages zu machen, um allenfalls später geäußerten Forderungen entgegenzuhalten.

Größere Baustellen mit einem gewissen Gefahrenpotenzial sollten sicherheitshalber mit Bauzäunen oder sichtbaren Absperrmaterialien vor unerwünschtem Betreten gesichert werden.

Vorhandene Beläge oder Bauten werden vor Beginn der Arbeiten geschützt. Bei starker Belastung ist ein Schutz mit Bodenplatten aus Hartkunststoff angezeigt. Um Bodenbeläge ausschließlich vor Verschmutzung zu schützen, reicht auch eine Bauplastikplane, die man vollflächig auslegt.

Aus logistischen Gründen kann es Sinn machen, einen Gartenbereich bereits zu bauen, bevor die Bauarbeiten am Haus beginnen. In solchen Fällen werden bestehende Bereiche geschützt und abgesperrt, damit dort keine Materialien gelagert werden können und es zu keiner unnötigen Kontaminierung kommt.

Sondierung von Strom-, Gas- und Wasserleitungen

Wer schon einmal eine Leitung für Strom, Gas oder Wasser beschädigt hat, weiß, wie mühsam es ist, den Schaden zu beheben. Meist ist die Schadenbehebung auch mit Bauverzögerungen verbunden. Deshalb ist es ratsam, sich im Vorfeld Leitungspläne zu besorgen. Anhand dieser Daten machen wir in besonders kritischen Bereichen eine Sondierung. Das heißt, wir graben die Leitungen frei und überprüfen, ob sie auch wirklich dort liegen. Dies empfiehlt sich bei allen Hauptversorgungsleitungen, die im Bereich von geplanten Teichen oder größeren Bauten liegen. Überall dort, wo mehr als 50 cm tief gegraben wird, sollten die Leitungen sicherheitshalber sondiert werden.

Soll ein Teich oder ein Fundament in der Nähe eines bestehenden Gebäudes gebaut werden, ohne dass genaue Baupläne vorhanden sind, muss das Gebäudefundament in diesem Bereich auf jeden Fall sondiert werden. Ebenfalls vor Baubeginn sollten alle Grenzsteine freigelegt und sondiert werden. Nicht vorhandene Grenzsteine werden gegen Bezahlung von der Gemeinde neu errichtet. Schächte, die auf den Plänen eingezeichnet, vor Ort aber nicht zu finden sind, sollten ebenfalls im Vorfeld sondiert werden. All diese Sondierungen zielen darauf ab, stress- und sorgenfrei zu bauen und Konflikte mit Nachbarn, Behörden oder für die jeweiligen Leitungen zuständigen Institutionen zu vermeiden.

Oberboden abtragen und richtig lagern

Als Oberboden bezeichnet man die oberste Erdschicht, in der die meisten Pflanzen kultiviert werden. Diese Schicht variiert in ihrer Stärke von 20 bis 50 cm. Der humusreiche Oberboden darf nur bei trockenem Wetter abgetragen werden. Insbesondere lehmhaltiges Material leidet sonst sehr stark und kann bei unsachgemäßem Abbau verdichten. Dies wiederum beeinträchtigt die Tätigkeit der Bodenlebewesen und kann dazu führen, dass sich der Boden über Jahre regenerieren muss.

Zum Zeitpunkt des Abtragens besteht im Idealfall bereits ein Gartenkonzept, in dem die späteren Lebensbereiche der Pflanzen und damit die Humusschichten festgelegt sind. Wann immer möglich, wird der Oberboden direkt am späteren Verwendungsort zwischengelagert. Mehrmaliges Umschichten führt ebenfalls zu starken Beeinträchtigungen des Bodenlebens. Die Erde wird am Lager maximal zwei Meter hoch lose aufgeschüttet und entweder mit einer Gründüngung eingesät oder mit einem Vlies abgedeckt. Dies schützt die Erde vor übermäßiger Durchnässung wie auch vor Austrocknung und schränkt den Bewuchs von unerwünschten Kräutern auf dem Depot ein.

Oberbodendepots werden im naturnahen Garten vor der Verwendung gejätet oder mit der Sense gemäht. Auf keinen Fall mit Herbiziden abspritzen! Der Oberboden sollte bei trockenem Wetter ausgebracht und verteilt werden. In diesem Boden wachsen später unsere Pflanzen. Sorgen wir also für diese wichtige Lebensgrundlage und behandeln sie mit gebührendem Respekt.

Bevor wir in die unteren Erdschichten eindringen, tragen wir den Oberboden ab. Dies geschieht im Idealfall bei trockener Witterung. Wird das Material über längere Zeit gelagert, kann der Oberboden vor dem Austrocknen und unerwünschtem Bewuchs geschützt werden, indem man eine Gründüngung einsät.

Bei einer Neuanlage trifft der Gartenbauer oft auf eine solche Situation. Vor dem Ausmessen und Abstecken muss die Baustelle gesäubert und vorbereitet werden.

Ausmessen und abstecken

Das Feld ist geräumt, Bäume, Bodenbeläge, Fassaden und Bauteile sind geschützt, jetzt kann es losgehen! Bevor die Baggerschaufel ihre Zähne in den Boden rammt, wird der Gartenplan auf das Grundstück übertragen: Die wichtigsten Bauten wie Wege, Plätze, Teiche oder Nebenbauten werden eingemessen und im Gelände eingezeichnet oder abgesteckt. Das ist sozusagen die letzte Prüfung, ob der Garten – wie im Plan gezeichnet – auch umgesetzt werden kann. Gibt es Differenzen, können diese zum jetzigen Zeitpunkt noch relativ einfach behoben beziehungsweise korrigiert werden.

Ein Quittenbaum zieht zweimal um

In unserem Garten steht ein stattlicher Quittenbaum, der schon zweimal mit uns umgezogen ist. Meine Frau bekam diesen Baum von ihrem Vater geschenkt, deshalb hat die Quitte einen hohen emotionalen Wert. Beim ersten Umzug war das Bäumchen erst einige Jahre alt, klein und hübsch und ließ sich problemlos umpflanzen. In diesem Garten stand es sieben Jahre, blühte, trug die ersten Quitten und wuchs zu stattlicher Größe heran.

Auch beim zweiten Umzug musste der Quittenbaum natürlich mit. Um für die Verpflanzung die besten Voraussetzungen zu schaffen, gruben wir den Baum im Herbst aus, lösten alle Wurzeln und setzten ihn am gleichen Ort wieder ein. Das war notwendig, weil der Baum im kommenden Sommer verpflanzt werden sollte: Bis zum nächsten Sommer hatte er dort, wo wir ihn abgestochen hatten, neue, feine Wurzeln geschlagen und ließ sich ohne Umstände aus der Grube heben und verladen. Am neuen Ort wurde der Baum sofort eingesetzt und regelmäßig bewässert. Das heißt, er erhielt zweimal in der Woche eine Wassergabe von je 100 Litern. Die Baumscheibe säten wir mit Blumenwiese an und pflanzten Dichter-Narzissen, die nun jedes Jahr im frühen Frühling für eine wunderbare Blüte sorgen.

Der Baum steht jetzt seit sieben Jahren in unserem neuen Garten. Er ist mittlerweile hoch und breit und nicht mehr wegzudenken – als Schattenbaum für meine Frau und mich und als Kletterbaum für unsere Kinder. Vor zwei Jahren trug der Baum so viele Früchte, dass wir die Äste mit Stöcken und Pfählen stützen mussten, damit sie nicht zusammenbrachen.

Erdarbeiten für eine gesunde Lebensgrundlage

Welche Bodenart liegt vor?

Der Boden bildet die Grundlage für das Wachstum und ist für die Gesundheit der Pflanzen mitverantwortlich. Für das Gedeihen eines Gartens ist es wichtig, den vorhandenen Boden richtig zu beurteilen und schonend zu bearbeiten. Meist dringen unsere Werkzeuge nur in die obersten Zentimeter Boden ein. Das ist zu wenig, um herauszufinden, welche Pflanzengesellschaften für diesen Standort geeignet sind. Für eine richtige Bodenbeurteilung sollten mindestens die obersten 40 bis 60 cm untersucht werden. Wie dick ist die fruchtbare Humusschicht (braune bis schwarze Erde), was liegt darunter – Lehm, Sand, Kies, Mergel – und wie durchlässig ist das Material? In den meisten Fällen genügt es, den Boden mit den eigenen Augen und Händen zu untersuchen. Dazu reicht ein Spaten, mit dem man den Boden bis 60 cm tief aushebt und seitlich lagert. Falls man genauere Angaben über den Nährstoffgehalt wünscht oder befürchtet, dass der Garten mit gefährlichen Stoffen kontaminiert sein könnte, kann man Bodenproben zur Beurteilung an ein Labor schicken.

Wichtige Hinweise liefern auch die sogenannten Zeigerpflanzen. Das sind natürlich gewachsene, einheimische Pflanzenarten, die auf bestimmte Bodenverhältnisse schließen lassen. So zeigen zum Beispiel die Placken (Großer Ampfer) starke Bodenverdichtung und Überdüngung an. Einjährige Wildkräuter oder Ruderalpflanzen, wie zum Beispiel die Große Königskerze, deuten darauf hin, dass der Grund hier früher schon einmal bearbeitet wurde. Wiesenschaumkraut oder Kuckucks-Lichtnelken wachsen nur auf vernässten, feuchten Böden. Diese Liste ließe sich beliebig weiterführen. In einem guten Bestimmungsbuch können wir solche Zeigerpflanzen nachschlagen und so auf Bodenart und Bodenbeschaffenheit (Nährstoffgehalt, Feuchtigkeitsgrad oder Verdichtung) schließen (siehe Seite 108).

Sind Aushubarbeiten zwingend, lohnt es sich, die Bodenstruktur vorher abzuklären, sei dies mit geologischen Karten, Sondierungen oder alten Fotos. Unerwartete Felsvorkommen zum Beispiel führen zu hohen Mehrkosten und damit zu Auseinandersetzungen, wer die Kosten zu tragen hat.

In sandigen oder kieshaltigen Böden kann auch bei feuchter Witterung noch gearbeitet werden, ohne damit bleibende Verdichtungsschäden anzurichten. In stark tonhaltigen Böden hingegen müssen die Arbeiten bei starkem Regen eingestellt werden.

Böschungen von Baugruben müssen sichtbar abgesperrt und vor Erosion geschützt werden.

Starke Bodenverdichtung wirkt sich oft noch jahrelang aus. Pflanzenwurzeln können in solche Böden nicht richtig eindringen – schwache und kränkelnde Bäume und Sträucher sind die Folge.

Ist ein Boden nicht genügend tragfähig, kann die Stabilität des Untergrundes mit ungelöschtem Kalk verbessert werden. Das Material wird ausgebracht, mit dem anstehenden Boden vermischt und anschließend in Schichten eingearbeitet und mit einem Grabenstampfer oder einer Grabenwalze verdichtet.

Für längere Transportdistanzen im Gelände wird eine Baupiste erstellt. Anstelle von Bodenplatten kann ein Bereich auch mit Kiesmaterial ausgebaut werden. Idealerweise liegen die Baupisten in Bereichen, die später zu Wegen und Plätzen ausgebaut werden, damit das Kiesmaterial nicht wieder ausgebaut werden muss.

Schonender Umgang mit dem Boden

Im Naturgarten arbeiten wir mit den vorhandenen Bodenverhältnissen und stimmen die Pflanzengesellschaften darauf ab. Denn nur so etablieren und entfalten sich die Pflanzungen langfristig. Vor allem bei Gartenneugestaltungen sind die Böden oft in einem katastrophalen Zustand. Das Erdmaterial wurde mehrmals umgeschichtet und immer wieder mit schweren Maschinen befahren. Solch strapazierte Böden sind keine ideale Grundlage für gesundes Pflanzenwachstum. Stark verdichtete Böden brauchen oft Jahre oder gar Jahrzehnte, bis sie sich wieder erholt haben.

Dies könnte vermieden werden, wenn der Gartenbauer von Beginn an in die Erdarbeiten einbezogen wird. Da der Gartenbauer die Garantie für die gepflanzten Bäume und Sträucher übernehmen muss, hat er ein großes Interesse daran, den Boden schonend zu bearbeiten. Leider ist das in der Praxis nicht üblich, sodass der Gärtner nur noch die obersten 30 cm aktiv bearbeiten kann. Ist der Boden darunter unverantwortlich eingebaut und verdichtet, nützt es jedoch wenig, in den obersten Bodenschichten Bodenverbesserungsmaßnahmen vorzunehmen. In diesem Fall kann eine Gründüngung helfen. Das ist eine Einsaat von speziellen Pflanzenarten (Phazelie, Luzerne, Erdklee, Senf etc.), die dem Boden helfen, sich zu regenerieren. Die Gründüngung bleibt nach der Einsaat mindestens für eine Vegetationsperiode stehen und wird anschließend (nach dem Winter) einfach in die Erdoberfläche eingearbeitet.

Bei einer Gartenumgestaltung hat der Gärtner oder Hobbygärtner es selber in der Hand, wie er mit dem Boden umgeht. Auf jeden Fall darf der Oberboden nur bei trockener Witterung auf- oder abgetragen werden. Es sollte selbstverständlich sein, den Boden nach dem Schütten nicht mehr mit schweren Geräten zu befahren. Neu aufgebaute Böden können zur Regeneration mit Gründüngung eingesät werden. Dies empfiehlt sich besonders dann, wenn die Arbeiten im Herbst ausgeführt werden und der Garten erst im Frühjahr bepflanzt wird. Auch Gemüsegärten sollten vor der Neupflanzung zuerst eine Ruhepause einlegen und mit Gründüngungspflanzen wie Phazelie oder Erdklee eingesät werden.

Bei der Neupflanzung in eingewachsenen Gärten ergibt es ebenfalls Sinn, den Boden mit Kompost und anderen Zuschlagstoffen anzureichern. Im Bereich von Baum- oder Strauchwurzeln bringen wir ein Gemisch aus Humus, Sand und Kompost aus. Es entsteht eine neue, etwa 10 bis 20 cm mächtige Erdschicht, die von Pflanzen außerhalb der Wurzelkonkurrenz bewachsen werden kann. So lassen sich auch in Bereichen von eingewachsenen Baum- und Heckenstrukturen Frühlingszwiebeln und neue Blütenstauden oder Gehölze integrieren. Viele Wachstumsstörungen oder Pflanzenkrankheiten gehen letztendlich auf eine schonungslose Bodenbearbeitung zurück und lassen sich meist nicht so schnell beheben. Dann vegetieren Bäume, Sträucher und Kletterpflanzen oft Jahre vor sich hin, bevor sie schließlich absterben. Der schonende Umgang mit dem Boden ist deshalb eines der zentralen Anliegen von Naturgärtnern.

Um den Boden zu schonen und unnötige Verdichtungen und Schäden zu vermeiden, wählen Naturgärtner für jede Situation das richtige Gerät. Mit der Möglichkeit, Maschinen jeder Größe zu mieten, ist die Voraussetzung dafür bestens geschaffen.

Es macht wenig Sinn, für größere Mengen an Materialien kleine Maschinen einzusetzen, wenn es aus Platzgründen nicht unbedingt nötig ist.

Der Raupenbagger wird praktisch bei jeder gartenbaulichen Arbeit eingesetzt. Je nach Größe des Gartens und der Menge der Materialien, die bewegt werden müssen, sind verschiedene Gerätegrößen von 1,2 t bis 16 t im Einsatz.

Mit dem Raupenbagger können verschiedene Spezialgeräte mitgemietet werden: hydraulische Abbauhammer zum Abspitzen von Beton oder Greiferzangen zum Anheben und Versetzen von Steinen.

Mit dem Raupen- oder Raddumper werden Materialien transportiert. Der Raupendumper wird im Garten eingesetzt, der Raddumper kommt auf Straßen oder gut befestigten Baupisten zum Einsatz. Beide Geräte gibt es in unterschiedlichen Größen mit Ladekapazitäten von 0,25 bis 3 m³.

Der Radlader kommt eher auf größeren Baustellen oder bei langen Transportdistanzen zum Einsatz. Mit diesem Gerät werden Schüttgut (Kies, Erde, Sand) oder Paletten transportiert.

Der Kompaktlader hat eine ähnliche Funktion wie der Radlader, ist aber kleiner und wendiger und wird darum auf kleinen Baustellen eingesetzt. Mit Raupen ausgestattet, kann er sich auch in unwegsamem Gelände bewegen.

Die Grabenwalze ist ein Verdichtungsgerät. Mit dieser speziellen Walze werden große Aufschüttungen in Schichten gewalzt und damit verdichtet. Die Verdichtungsleistung ist deutlich höher als die eines Grabenstampfers oder einer Rüttelplatte.

Geeignete Geräte und Maschinen wählen

Für die Bodenbearbeitung ist es unumgänglich, Raupenbagger und andere Baumaschinen einzusetzen. Es sollte aber darauf geachtet werden, dass der Bodendruck möglichst gering ist. Grundsätzlich weisen Raupenfahrzeuge einen geringeren Bodendruck auf als Geräte mit Reifen. Naturgärtner legen großen Wert darauf, für das jeweilige Projekt die richtige Maschinengröße zu wählen. Die Materialmenge, die umgelagert oder transportiert wird, bestimmt die Maschinenart. Für kleinere Umgestaltungen sind Bagger mit einem Betriebsgewicht zwischen 1500 und 2000 kg ausreichend. Bagger ab 12 000 kg Betriebsgewicht sind ausschließlich bei großen Erdbewegungen sinnvoll. Zum Transport von Erdmaterial eignen sich raupenbetriebene Transportgeräte bestens. Geräte mit Reifen wie Pneulader oder Dumper sind nur etwas für größere Baustellen mit langen Transportwegen. Generell gilt: Transportpisten, die über spätere Grünflächen führen, müssen mit Bodenschutzplatten entsprechend geschützt werden.

Für kleinere Erdarbeiten oder Arbeiten an unzugänglichen Stellen ist Handarbeit nicht nur schonender, sondern oft auch schneller, zum Beispiel im Wurzelbereich von Bäumen. Die alte Schippe, der Pickel und die Schubkarre oder Karrette sowie zwei kräftige Oberarme sind hier nach wie vor am effizientesten. Bodenfräsen und Hacken kommen dort zum Einsatz, wo später eingesät werden soll. Sie können in einem grobscholligen Boden außerdem helfen, eine feine Struktur zu schaffen oder Bodenverbesserungsmittel wie Kompost in den Boden einzuarbeiten.

Bodenvorbereitung für unterschiedliche Lebensbereiche

Je nach Pflanzengesellschaft wird die oberste Bodenschicht unterschiedlich vorbereitet. Bevor wir aber beginnen, Oberboden oder ein anderes Material aufzutragen, ist es wichtig, den Untergrund der Vegetationsflächen zu lockern. Oft ist der Untergrund durch Baumaßnahmen oder Baugeräte stark verdichtet – und wenn es sich um einen stark tonhaltigen Boden handelt, fast wasserundurchlässig. Mit dem Auflockern des Untergrundes kann zumindest in den obersten 20 bis 40 cm für Wasserabzug gesorgt werden. Aufgelockert wird direkt mit der Baggerschaufel oder bei kleinen Flächen von Hand mit Karst (Harke) oder Pickel (Spitzhacke). Auch bei älteren Anlagen kann es sinnvoll sein, den Boden zu rigolen. Das bedeutet, nebst der Oberbodenschicht auch eine Spatentiefe des Untergrundes zu lockern und damit für bessere Wachstumsbedingungen zu sorgen.

Beim Auftrag von Oberboden oder anderen Materialien arbeitet man rückwärts, das heißt, man lockert einen Teil auf und deckt ihn anschließend mit Oberboden ab. Damit beginnt man an einem Punkt im Garten, der nicht mehr bearbeitet werden muss, und arbeitet sich langsam rückwärts aus dem Garten. Oberboden sollte ausschließlich bei trockenem Wetter ausgebracht werden. Das Material wird lose auf den aufgelockerten Untergrund geschüttet und nach dem Auftrag möglichst nicht mehr mit schweren Baumaschinen befahren. Für die einzelnen Lebensbereiche werden unterschiedliche Schichtdicken von Oberboden oder anderen Materialien aufgetragen.

Bäume und Heister
Staunässe zu vermeiden ist eine der wichtigsten vorbereiteten Arbeiten bei der Pflanzung eines Baumes. Bis auf wenige Ausnahmen wie Weiden, Erlen oder Pappeln ertragen Bäume keine dauernde Staunässe. Eine Baumgrube muss entsprechend gelockert oder sogar entwässert werden, damit sich die Pflanzen entwickeln können. Anschließend wird die Baumgrube mit Oberboden verfüllt. Bei stark tonhaltigem Boden ist es sinnvoll, Bäume und Heister etwas höher zu pflanzen; als Heister bezeichnet man mehrstämmige Bäume, wie beispielsweise Kornelkirsche und Felsenbirne.

Gemischte Wildhecken, Schnitthecken, Strauchgruppen
Für diese Pflanzengesellschaft ist eine Schicht von 30 bis 40 cm Oberboden ideal. Pflanzenarten wie Wildrosen oder trockenheitsliebende Gehölze wie Ginster oder Schwarzdorn kommen auch mit dünneren Schichten von 10 bis 20 cm zurecht. Werden Solitärgehölze verwendet, muss der Unterboden auf jeden Fall gut gelockert werden. Generell gilt, diese Gehölze eher einige Zentimeter zu hoch zu pflanzen als zu tief.

Gehölze mit besonderen Ansprüchen

Wenn wir Ziergehölze aus anderen Florengebieten verwenden, ist es wichtig, die Ansprüche an den Boden genau zu kennen. So wachsen die meisten Gehölze aus dem Mittelmeerraum eher in trockenen, durchlässigen und nährstoffarmen Böden, während zum Beispiel die Tulpen-Magnolie *(Magnolia soulengeana)*, die aus dem asiatischen Raum stammt, Böden mit einem hohen Anteil an organischer Substanz bevorzugt. Im Zweifelsfall beschränkt man sich auf die heimischen Arten, die in der Regel in unseren Böden problemlos gedeihen.

Fruchtgehölze und Beeren

Fruchtbäume werden in Stein- und Kernobst eingeteilt. Steinobstarten wie Zwetschge, Aprikose oder Mirabelle sind genügsamer und wachsen auch auf trockenem, durchlässigem Untergrund mit wenig Oberboden. Kernobst stellt grundsätzlich höhere Ansprüche an den Boden und braucht eine Oberbodenschicht von mindestens 30 cm Stärke. Alle Obstarten reagieren empfindlich auf Staunässe. Ist der Boden zu nass, hemmt dies das Wachstum und die Bäume sind krankheitsanfälliger. Baumgruben von Obstbäumen müssen in jedem Fall gut entwässert sein. Das heißt, der Untergrund muss gut gelockert werden, damit das Wasser schnell versickern kann. Ist dies nicht möglich, muss eine zusätzliche Drainage eingebaut werden. Dazu hebt man einen Kanal aus und legt eine Drainageleitung so in den Boden, dass Wasser auf der Sohle der Baumgrube wegfließen kann. Die Leitung führt man in einen Bereich, wo das Wasser auf natürlich Weise versickern kann. Obstbäume werden immer hoch gepflanzt. Die Veredelungstelle, an der die Obstsorte auf die Unterlage gepfropft wurde, muss auf jeden Fall über dem gewachsenen Boden liegen.

Beeren sind in ihrer Wildform Wald- und Waldrandpflanzen. Entsprechend sind ihre Ansprüche an den Boden sehr hoch. Neben einer Schicht von 30 bis 50 cm Oberboden benötigen sie einen hohen Anteil an organischem Material. Bei Beerenpflanzungen ist es deshalb geboten, viel Kompost beizumischen. Bevorzugte Bodenverbesserer sind Rindenkompost und Lauberde. Bei Kulturheidelbeeren, die einen besonders sauren Boden lieben, wird außerdem Moorbeeterde (selbstverständlich ohne Torf) in die Pflanzengrube gegeben. Torffreie Erden sind heute in jedem gutsortierten Gartencenter erhältlich. Anstelle von Torf werden unterschiedliche Materialien wie Rinde, Reisspelzen und Kokosfasern verwendet.

Strauch- und Schlingrosen

Wildrosen wachsen von Natur aus auf felsigen Abhängen, an trockenen und nährstoffarmen Böschungen und in Ritzen von Steinen oder Mauern. Diese Eigenschaften haben sie auch an viele Strauch- und Schlingrosen weitergegeben. So ist für Rosen ein durchlässiger, eher trockener Boden wichtiger als dicke Schichten an Oberboden. Für robuste Sorten – wie wir sie im Naturgarten verwenden – reichen in der Regel bereits 20 cm Oberboden aus. Bei der Pflanzung der Rosen muss der Boden tief gelockert werden: 60 cm Tiefe sind für das Anwachsen ideal. Der Boden wird ausgehoben, gelockert und lose auf die richtige Höhe wieder eingefüllt. Dabei können auch Kompost und Hornspäne beigemischt werden. Auf diesen lockeren Untergrund wird die Rose gepflanzt, der Rest der Pflanzgrube wird mit Oberboden verfüllt. Rosen werden generell tief gepflanzt, lieber zu tief als zu hoch, damit die Veredelungsstelle unter dem gewachsenen Boden liegt. Sonst kann es passieren, dass die Wildform anstatt der gewünschten Kultursorte austreibt.

Blumenwiese

Bei der Anlage einer Blumenwiese hängt es in erster Linie vom Untergrund ab, wie viel Oberboden wir auftragen. Bei sehr durchlässigem Untergrund sind es 15 bis 20 cm Oberboden. Ist der Untergrund eher lehmig, reichen 10 cm aus. Die Auflage von Oberboden empfiehlt sich in jedem Fall. Wird die Wiesenmischung auf einen Rohboden oder gar auf Kies gesät, muss man in den ersten Jahren mit einem erhöhten Aufkommen an Kleearten rechnen, die andere Blumen teilweise verdrängen können.

Wiesenflächen sollten nach dem Fräsen oder Eggen einige Tage brachliegen bleiben. So kann sich der Boden vor der Ansaat noch einmal senken. Nach dieser Zeit werden mit einem Rechen oder einem Kräuel grobe Steine und Wurzeln abgezogen und das Saatgut wird ausgebracht.

Blumenrasen

Eine Blumenrasenmischung enthält im Unterschied zum herkömmlichen Rasen ausschließlich heimische Gräser und Blumen. Zur Vorbereitung der Saatfläche wird eine Oberbodenschicht von 15 bis 20 cm lose aufgeschüttet. Vor der Ansaat muss die Oberfläche sorgfältig von gröberen Bestandteilen wie Steinen und Wurzeln befreit werden (Reinplanie).

Wildstaudenbereich am Waldrand

Wildstauden wie Geißbart, Frauenfarn, Waldmeister, Wald-Glockenblume, Ährige Teufelskralle und Waldschmiele, die an schattigen oder halbschattigen, waldähnlichen Standorten wachsen, haben hohe Ansprüche an den Boden. Oberbodenschichten von 30 bis 40 cm sind ideal. Außerdem sollte der Boden mit viel organischem Material wie Kompost oder Lauberde verbessert werden. Im Fall einer Neuanlage lohnt es sich, den Boden erst einmal ruhen zu lassen und im ersten Jahr nur eine Gründüngung zu säen. Sie wird vor dem Pflanzen in den Boden mit eingearbeitet.

Wildstaudenbereich am warmen Heckenrand oder In der Blumenwiese

Alle Stauden aus diesen Lebensbereichen bevorzugen einen durchlässigen, eher trockenen Boden mit einer Oberbodenschicht von 20 cm. Lehmhaltiger Oberboden kann mit Sand und Kompost gemischt und verbessert werden. Hier gedeihen und blühen Blutstorchschnabel, Rindsauge, Skabiosen-Flockenblume, Odermennig und Dorniger Hauhechel, um einige zu nennen.

Wildstauden aus Ruderal- und Trockenstandorten

Diese Pflanzen wachsen ausschließlich auf trockenen, nährstoffarmen Böden. Anstelle von Oberboden wird vor der Pflanzung Kies (Wandkies 2. Klasse) oder kiesiges Aushubmaterial aufgebracht. Für diese Staudenarten sollte auch der Untergrund sehr gut gelockert werden, damit Regenwasser schnell abfließen kann. Einige der wertvollsten Nahrungspflanzen für Schmetterlinge und Wildbienen blühen an diesen Standorten: Natternkopf, Schwarze Königskerze, Nickende Distel, Wilde Möhre, Wegwarte etc.

Wildstauden aus Waldschlag und Hochstaudenflur

Dazu gehören einige der schönsten einheimischen Staudenarten wie Blutweiderich, Mädesüß, Wasserdost, Nachtkerze, Königskerze, Prachtscharte und Fingerhut. Sie bevorzugen einen humosen Boden mit einem erhöhten Anteil an organischer Substanz. In diesen Bereichen arbeiten wir mit einer Schicht Oberboden von ungefähr 30 cm Stärke. Einige dieser Arten ertragen durchaus eine erhöhte Feuchtigkeit und gedeihen auch in lehmigem Boden problemlos.

Wild- und Zierstauden mit höheren Ansprüchen

Man kennt diese Kombination ursprünglich aus dem Bauerngarten. Im Naturgarten schaffen wir damit Pflanzenkompositionen mit einer längeren Blütezeit oder wir bringen gewisse Farben und Farbkombinationen in den Garten. Für diese Beete bringen wir eine Schicht Oberboden von 30 cm aus. Kompost und Hornspäne werden vor der Pflanzung mit ausgebracht, um eine gute Grundlage für gesundes Wachstum zu schaffen. Im klassischen Bauerngarten wachsen Staudenphlox, Orientalischer Mohn, Pfingstrose, Rittersporn, Sonnenröschen und Sonnenhut neben Kräutern wie Liebstöckel, Schnittlauch, Petersilie oder Duftpflanzen wie Lavendel und Eberraute.

Kräuter und Gewürze

Viele Gartenkräuter wie Rosmarin, Salbei, Thymian, Ysop und Gewürzfenchel stammen ursprünglich aus dem Mittelmeerraum. Ihr natürlicher Standort sind steinige, trockene, durchlässige Böden an voller Sonne. Wir pflanzen sie im Garten deshalb entlang von heißen Fassaden oder Wegrändern. Aufgrund der gleichen Standortansprüche kombinieren wir sie auch mit Ruderal- und Trockenstandortstauden. Ganz anders die Minzen und Melissen. Sie bevorzugen einen Boden mit einer Humusschicht von 20 bis 30 cm. Sie wachsen am liebsten im Halbschatten, auch am Rand von Sträuchern oder Hecken und eignen sich deshalb zur Unterpflanzung im Beerengarten.

Flächen entlang von Fassaden oder Ränder von Kiesbeläge sind ideale Standorte für trockenheitsliebende Stauden und Kräuter.

Die Pflanzen werden nach dem Verdichten des Bodenbelages direkt in den Kies gesetzt.

Für Ruderal- und Trockenstandorte wird kein Oberboden aufgetragen. Diese Flächen werden ausschließlich mit Rohboden und Kiesmaterial aufgefüllt. So bereitet man den Boden auch für alle mediterranen Kräuter vor, die im durchlässigen Kies wesentlich besser gedeihen, intensivere Duftstoffe entwickeln und langlebiger sind.

Sehr steile Böschungen sind kurz nach der Pflanzung stark erosionsgefährdet. Um Auswaschungen und Abspülungen zu verhindern, werden Erosionsschutzmatten ausgelegt (Bild unten).

Verdichtete Flächen, in denen später Stauden und Gehölze wachsen sollen, werden vor dem Auftragen des Oberbodens gut aufgelockert – auf kleineren Flächen von Hand, bei größeren Anlagen mit dem Bagger.

Abdeckungen mit Rinden- oder Holzschnitzel sind unnötig und kontraproduktiv. Das Holzmaterial zersetzt sich im Laufe der Zeit und entzieht dem Boden wichtige Nährstoffe. Unerwünschte Wurzelkräuter wie das Schnürgras, Fünffingerkraut oder Giersch können sich derweil unter der Rindenschicht unbemerkt ausbreiten.

Rasen- und Blumenrasenflächen werden mit 20 bis 25 cm Oberboden abgedeckt. Die Flächen müssen fein planiert und nach der Ansaat gewalzt werden.

Gute Vorbereitung und bodenschonendes Arbeiten tragen viel zum späteren Gedeihen der Pflanzen bei. Trotzdem sind gewisse Bilder, die wir uns wünschen, nicht sofort herstellbar – dafür braucht es Zeit und das Zulassen einer gewissen Dynamik, wie dieser eingewachsene alte Garten zeigt.

Boden ist nicht einfach nur Dreck, das sollten wir bei all unseren Maßnahmen bei der Bodenbearbeitung bedenken. Auf diesem Grund wachsen später Beeren, Früchte, Stauden, Kräuter, Bäume und Sträucher. Der Boden ist die Grundlage für gesundes Wachstum und verdichtete und beschädigte Böden brauchen Jahrzehnte, um sich wieder zu erholen.

Laub: das Gold des Gärtners – Kindheitserinnerung aus der Baumschule meines Vaters

Als kleiner Junge habe ich meinem Vater oft geholfen, im Herbst das Laub in den Gärten zu sammeln und in Säcke abzufüllen. Allerdings entsorgten wir es nicht, sondern fuhren damit in die Baumschule meines Vaters. Ein Teil des Laubes wurde direkt aus den Säcken in die Reihen zwischen Büsche und Bäume geschüttet. Mein Vater erklärte mir, dass der Boden so geschützt werde und wunderbare Erde entstehe. Tatsächlich war im kommenden Sommer vom Laub nichts mehr zu sehen. Das Resultat waren kräftige, gesunde Baumschulpflanzen.

Was im großen Stil geht, funktioniert auch im kleinen Garten. Man sammelt das Laub von Fuß- und Fahrwegen sowie Wiesen- oder Rasenflächen und legt eine Schicht von maximal 15 cm einfach auf die Pflanzflächen oder deckt damit die Gemüsebeete ab. Aus dem Laub wird in wenigen Monaten wunderbare, gesunde Erde.

Boden, nichts als Dreck?

Was wir auf den ersten Blick sehen können, wenn wir ein Stück Boden betrachten, ist eine Mischung aus Körnern, die in der Bodenkunde je nach Größe in Kies, Sand, Schluff und Ton eingeteilt werden. Mit bloßem Auge sind allerdings nur Kies und Sand gut erkennbar. Sandkörner haben einen Durchmesser von höchstens 2 mm, die feinen Tonpartikel erreichen gerade einmal einige Tausendstel Millimeter. Diese mineralischen Teilchen machen zusammen rund 95 % eines Ackerbodens aus. Der Rest besteht aus – überwiegend totem – organischem Material, also abgestorbenen Pflanzen- und Tierorganismen.

Nur der allerkleinste, aber für unseren Garten so wichtige Teil der gesamten Bodenmasse ist belebt. Die aufgehobene Handvoll Oberboden enthält wahrscheinlich einige abgerissene Pflanzenwurzeln und vielleicht ringelt sich auch ein Regenwurm darin. Auch weniger hübsche Bodenbewohner wie Asseln, Spinnen und Käferlarven könnte der Griff in die Erde heraufbefördern. Neben diesen Makrolebewesen führt noch eine Vielzahl kleinerer Tierchen ein verborgenes Dasein unter Tage, darunter Fadenwürmer, Milben und Springschwänze. Sie sind winzig, aber in enormer Individuenzahl vorhanden. So tummeln sich unter einem Quadratmeter Wiese höchstens 100 Regenwürmer, aber rund 100 000 Milben und eine Millionen Fadenwürmer. Doch auch diese beeindruckenden Zahlen werden von den allerkleinsten Bodenlebewesen, den pflanzlichen und tierischen Mikroorganismen, noch weit übertroffen. Millionen Bakterien, Algen, Pilze und tierische Einzeller besiedeln jedes Gramm Boden! Unvorstellbar, das in einem Fingerhut Erde Abermillionen Lebewesen zu finden sind.

Soweit zur nüchternen Beschreibung unseres Wissens darüber, woraus Böden bestehen. Dass sich ein wahres Heer an Forschern jeden Tag mit den verschiedensten Aspekten der Bodenkunde auseinandersetzt, ist wohl der beste Beweis dafür, dass dem Medium Boden noch lange nicht alle Geheimnisse entlockt sind. Vor allem der Mikrokosmos hat es in sich. Zur unglaublichen Anzahl an Lebewesen kommt hinzu, dass etwa bei den Bakterien die Arten noch größtenteils unbekannt sind.

Klar ist, dass Boden nicht einfach eine Masse ist, in der organische und anorganische Bestandteile nebeneinanderliegen. Vielmehr hat sich aufgrund vielfältigster Wechselwirkungen zwischen Ausgangsgestein, Klima und Lebewelt in langen Zeiträumen etwas entwickelt, das mehr als nur die Summe seiner Teile ist. Dieser «Organismus Boden», der über einen enormen Zeitraum entstanden ist, verdient es, mit gebührendem Respekt und mit der notwendigen Rücksicht behandelt zu werden.

Bodenverbesserungsmittel und Dünger im Naturgarten

Kompost – Er steht als Bodenverbesserungsmittel an erster Stelle. Kompost führt dem Boden organisches Material zu und damit eine ganze Reihe von Bodenlebewesen. Der Kompost sollte aus dem eigenen Garten oder aus einem professionell betriebenen Kompostierwerk stammen.

Sand – Normaler, gewaschener Sand aus dem regionalen Kieswerk kann helfen, einen lehmigen Boden in der obersten Schicht feiner und durchlässiger zu machen. Sand hilft bei einer Neusaat, ein feines Saatbeet aufzubereiten.

Laub – Das Gold des Naturgärtners ist einer der besten Bodenverbesserer überhaupt. Nicht umsonst sind die Böden in unseren Wäldern schön dunkelbraun, feinkrümelig und riechen wunderbar nach frischer, gesunder Erde. Laub kann auf Pflanzflächen in Schichten bis 10 cm direkt nach der Pflanzung verteilt werden.

Schilf- und Strohhäcksel – Sie eignen sich, sofern unbehandelt, im Nutzgarten oder auf neu angelegten Staudenflächen als Mulchschicht, die den Boden vor Austrocknung schützt. Sie sollte maximal 5 bis 6 cm dick aufgetragen werden.

Rindenkompost – Das ist eine Erde, die aus kompostierten Rindenabfällen hergestellt wird. Sie eignet sich als Torfersatz für Pflanzenarten wie Heidel- oder Himbeeren, die einen sauren Boden mit tieferem pH-Wert lieben.

Rinden- oder Holzhäcksel – Sie eignen sich für Wege und Plätze im Schatten. Gänzlich ungeeignet sind sie zur Abdeckung von Pflanzflächen, da sie bei der Verrottung dem Boden Stickstoff entziehen und somit das Wachstum der Pflanzen hemmen (einzige Ausnahme sind die erwähnten Beeren).

Torf – Beim Abbau von Torf werden Naturstandorte unwiderruflich zerstört. Schon allein diese Tatsache macht dieses Mittel zu einem absoluten «No go» im Naturgarten. Außerdem ist die Wirkung von Torf als Verbesserung sehr gering.

Hornspäne – Sie sind ein natürliches Düngemittel, das bei der Neupflanzung von Bäumen, Sträuchern, Rosen, Kletterpflanzen und anspruchsvollen Stauden als Startdünger eingearbeitet wird.

Pferdemist und Kuhdung – Sie eignen sich beide sehr gut für den Naturgarten. Sie können in Pflanzflächen direkt ausgebracht oder kompostiert werden.

Hühnermist – Frischer Hühnerdung wird vor dem Ausbringen kompostiert. Im Handel sind Pellets aus Hühnermist erhältlich. Diese können vor dem Pflanzen auf den Flächen ausgebracht werden.

Schafwolle – Sie ist ein nachwachsender Rohstoff, der sich als Dünger sehr gut eignet. Im Handel sind Pellets erhältlich. Ungewaschene Schafwolle (Abfall von der Schur) kann direkt in den Boden eingearbeitet werden und wirkt dort als Langzeitdünger.

Biologische Volldünger – Sie können anstelle von Hornspänen als Startdünger verwendet werden. Biodünger und Hornspäne haben den Vorteil, dass sie langsam im Boden abgebaut werden. Eine Überdüngung ist somit nicht möglich.

Mineralische Dünger – Sie kommen im Naturgarten nicht zum Einsatz, weil sie sowohl in der Produktion als auch nach dem Ausbringen Luft, Boden und Wasser stark belasten.

Mauern, Treppen, Wege – Infrastruktur im Garten

Die Mauer aus Stein
überragt sie ein wenig
die Bergteeblume
zahllose rote Blüten
färben den Rand des Weges

Yoshiko Kamitani

Wege und Plätze – Räume erschließen und verbinden

Funktionale, sinnliche und ästhetische Faktoren in Einklang bringen

Um unsere Gartenräume zu erschließen, brauchen wir Wege und Plätze. Sie nehmen einen beachtlichen Teil unseres Gartens ein und müssen in der Konzeptphase sorgfältig geplant werden. Im Naturgarten sollen Wege und Plätze nicht ausschließlich funktionale Anforderungen erfüllen, sondern auch wasserdurchlässig und vegetationsfähig sein. In Fugen und Ritzen sowie an den Rändern wachsen Pflanzen, die unser Artenspektrum erweitern; besonders bedrohte Pflanzen- und Tierarten sollen hier einen Lebensraum finden. Es beginnt bereits mit der Verbindung von der Straße zum Hauseingang: Soll dieser Weg in erster Linie repräsentativ oder funktional sein oder gar beides? Weiter geht es mit dem Vorplatz, auf dem wir Fahrzeuge abstellen und bewegen. Hier stehen funktionale Anforderungen im Vordergrund: Tragfähigkeit und Dauerhaftigkeit des Materials, Entwässerung, respektive Durchlässigkeit, und die Möglichkeit der Schneeräumung im Winter.

Im Naturgarten sollen Wege und Plätze nicht nur funktional sein, sondern wenn möglich auch wasserdurchlässig und vegetationsfähig.

Sitzplätze können mit unterschiedlichen Materialien belegt werden. Dabei geht es nicht nur um funktionale und ästhetische Aspekte; jedes Material hat auch sinnliche Komponenten. Holz wird anders wahrgenommen als ein Natursteinbelag und fühlt sich beim Begehen auch anders an.

In Fugen und Ritzen wachsen spezialisierte Pflanzenarten, die einerseits Lebensgrundlage für Tiere sind und andererseits auch zur Stabilität eines Belages beitragen können.

Wege aus Spaltholz sind einfach zu verlegen und eignen sich gut für wenig benutzte Wege in schattigen Bereichen.

Auch die verschiedenen Sitzplätze im Garten müssen mit passenden Materialien belegt werden. Dabei geht es nicht nur um Ästhetik, sondern auch um das Sinnliche eines Materials oder das Verhalten bei unterschiedlichen Temperaturen. Gartenwege verbinden die verschiedenen Plätze, sie führen uns vom Esszimmer in den Nutzgarten und von dort weiter zum Sommersitzplatz oder zum Senkgarten mit der Feuerstelle. Aus der Wahl des Materials und der Wegführung sollte klar erkenntlich sein, ob es sich um eine Hauptverbindung handelt oder ob wir uns auf einem Nebenweg befinden. Eine rein funktionale Verbindung wie der Weg zum Kompost oder zum Hochbeet sollte möglichst geradlinig zum Ziel führen und uns auch bei schlechtem Wetter ermöglichen, problemlos ohne Gummistiefel zum gewünschten Punkt zu gelangen.

Gartenwege, die uns durch die verschiedenen Zimmer zu verborgenen Orten lenken, dürfen ruhig auch verschlungen und gewunden sein. Hier geht es nicht darum, möglichst schnell zum Zielpunkt zu gelangen, sondern unterwegs etwas zu erleben: an den Blüten am Wegesrand zu riechen oder ein besonderes Gartenelement wie einen Brunnen oder eine Skulptur zu bewundern. Entsprechend ihren Bestimmungen dürfen verschiedene Wege und Plätze auch unterschiedliche Materialien aufweisen. Es gibt wohl nichts Langweiligeres als eine Gartenanlage, die vom Zugang über den Parkplatz bis zu den Gartenwegen und den verschiedenen Sitzplätzen das immer gleiche Material zeigt.

Bodenbeläge auf Terrasse und Balkon

Eine ganz spezielle Situation findet sich auf Balkon und Terrasse. Bodenbeläge müssen neben den schon erwähnten Ansprüchen noch weitere Kriterien wie Verträglichkeit mit dem vorhandenen Untergrund, geringe Bodenaufbaustärken und starke Temperaturschwankungen erfüllen. Insbesondere auf Terrassen und Balkonen, die nach Süden ausgerichtet sind, ist es wichtig, Materialien zu wählen, die Temperaturunterschiede ausgleichen können. Hier hilft auch keine noch so gute technische Beschattung, im Sommer ist Beton oder Granit so heiß, dass man darauf nicht mehr gehen und stehen kann.

Spezielle Bedingungen herrschen in der Regel auf Terrassen und Balkonen. Neben geringen Aufbauhöhen sind hier vor allem die starken Temperaturunterschiede zu beachten. Klinkerpflaster ist wegen seiner Beschaffenheit ein geeignetes Material für Terrassensituationen.

Ungenügende Fundationsschichten führen zu Senkungen – diese wiederum können die Nutzung beeinträchtigen.

Im Gegensatz dazu sind Plätze und Wege mit einer ausreichenden Fundation auch mit schweren Fahrzeugen befahrbar.

Auf festem Grund gebaut – das Fundament

Damit ein Bodenbelag über Jahre strapazierfähig bleibt, muss der Unterbau richtig erstellt werden. Diese Basis wird als Fundament oder Fundationsschicht bezeichnet. Im Garten werden als Fundationsschichten in der Regel Kiesmaterialien eingebaut, die sowohl tragfähig als auch frostsicher sind. Es sind Kiesmischungen (rund oder gebrochen) mit einer Körnung von 0 bis 100 mm. Sie werden auch als Kiessand, Füllkies oder Wandkies bezeichnet und sind regional in jedem Kieswerk erhältlich. Die Einbaustärke dieser Kiesschicht richtet sich nach der späteren Nutzung des Belages. Für befahrene Wege und Plätze ist eine Schicht von 40 bis 60 cm erforderlich. Für Wege, die ausschließlich begangen werden, sind 20 cm ausreichend. Diese Kiesschicht wird lose auf den verdichteten Rohboden geschüttet (sie darf auf keinen Fall auf Oberboden aufgetragen werden). Das Kiesmaterial wird grob verteilt, auf die richtige Höhe gebracht und mit einem Grabenstampfer, einer Rüttelplatte oder einer Walze verdichtet. Kunststoffvlies, wie es in Baumärkten angeboten wird, findet im Naturgarten keine Verwendung. Es ist bei den üblichen Nutzungen schlicht überflüssig.

Die Kiesschicht wird mit einer Rüttel- oder Vibroplatte verdichtet. Je nach Größe der Fläche werden unterschiedliche Gerätegrößen eingesetzt.

Welcher Bodenbelag eignet sich wo?

Materialien haben unterschiedlich Qualitäten, die je nach Art der Verwendung sich vor- oder nachteilig auswirken können. Im Folgenden sind alle Materialarten beschrieben, die in einem Naturgarten zum Einsatz kommen.

Brechsand- oder Rundkiesbelag

Kiesbeläge sind günstig in der Erstellung. Sie eignen sich für befahrene Wege und Plätze, die ein Gefälle unter 6 Prozent aufweisen, sowie für Fußwege und Sitzplätze. Der Bau von natürlichen Kiesbelägen scheint auf den ersten Blick sehr einfach. Trotzdem werden sowohl im öffentlichen wie im privaten Bereich diese Beläge oft unsachgemäß eingebaut. Die Bezeichnung «wassergebundene Wegedecke», wie Kiesbeläge in Deutschland bezeichnet werden, deutet bereits auf die Bauweise hin. Es geht darum, ein geeignetes Kiesmaterial mit Wasser so einzubauen, dass es abbindet, das heißt, hart und fest wird. Dazu brauchen wir einen Kies mit einem gewissen Kalkanteil, der sich nach dem Wässern und Walzen verhärtet. In der Schweiz wird dieses Kiesmaterial als Straßenkies bezeichnet. Es ist in der Körnung 0 bis 20 mm oder 0 bis 30 mm erhältlich. Wichtig ist, dass es sich um kalkhaltiges, bindiges Material handelt. Straßenkies wird in einer Schicht von 5 bis 6 cm aufgetragen und verdichtet – im Idealfall mit einer Glattradwalze, ansonsten mit einer leichten Rüttelplatte.

Kiesbeläge werden während des Einbaus leicht gewässert. Wenn der Rohbelag abgewalzt ist, bleiben einzelne Nester mit losen Steinchen übrig. Damit sich auch diese Bereiche später nicht ablösen, wird nun die ganze Fläche ein- bis zweimal mit einer Schicht Brechsand (0 bis 3 mm) lose abgestreut. Das Sandmaterial wird mit dem Rücken eines Rechens planiert, anschließend gewässert und gewalzt. Dieser Vorgang wird so lange wiederholt, bis der Belag eine homogene Oberfläche aufweist. Der Belag muss austrocknen, bevor eine intensive Nutzung stattfinden kann.

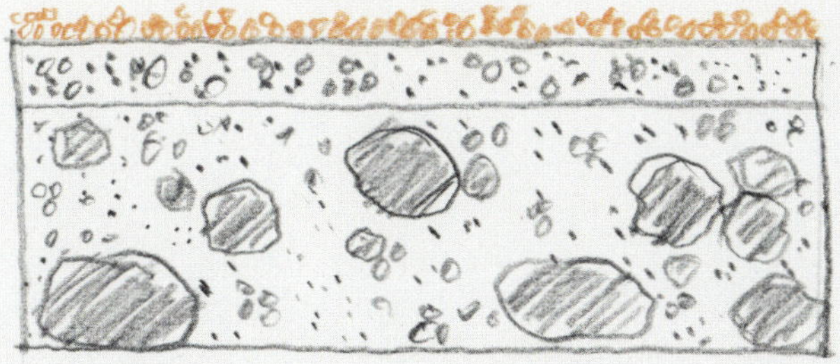

Nach dem ersten Regenschauer präsentiert sich der fertige Brechsandbelag als feine hellbraune Oberfläche, die mit Ausnahme der Farbe einem Tennisplatzbelag ähnlich sieht. Flächen, die mit Brechsand gestaltet sind, eignen sich sehr gut als Abstellflächen für Fahrzeuge, aber auch für Spielbereiche und Gartenwege, die häufig begangen werden. Sie haben den großen Vorteil, dass Katzen dort ihre Geschäfte nicht einscharren können. Einziger Nachteil des Brechsandbelages sind die losen Feinanteile, die in den ersten Monaten zu Verschmutzungen im Innenbereich führen können. Das dauert so lange, bis die Feinanteile durch den Regen eingeschwemmt sind (es geht nur mit Regen, eine Gartenschlauchbrause hilft nicht weiter).

Wird die Brechsandfläche abschließend mit Rundkies abgestreut, hat man einen Rundkiesbelag. Rundkies in den Körnungen 5 bis 10 mm oder 8 bis 16 mm kann in jedem Kieswerk gekauft werden oder mittlerweile auch sackweise im Baumarkt. Die Schicht Rundkies dient als Sauberkeitsschicht und sollte maximal 2 cm stark aufgetragen werden. Die Randpartien von Kiesbelägen können hervorragend mit trockenheitsliebenden Stauden oder Küchenkräutern wie Thymian, Salbei und Rosmarin bepflanzt werden. Die Pflanzen werden nach dem Erstellen des Brechsandbelages und vor dem Verteilen von Rundkies eingepflanzt. Um den harten Kiesbelag punktuell aufzubrechen, nimmt man einen Rundstahl, der vorne angespitzt ist, und gräbt damit punktuell Pflanzlöcher.

Brechsand- oder Rundkiesbelag eignet sich gut für alle Fußwege und Sitzplätze im Garten, aber auch für Spielflächen (Boccia, Petang, Federball) oder für Abstellplätze für Autos.

Mergelbelag

Als Mergel wird in der Regel gebrochener Kies bezeichnet, der aus einem Ton-Kalk-Gemisch besteht. Das Material wird beim Einbau unter Zugabe von Wasser gewalzt und bindet beim Austrocknen ab. Mergelbelag eignet sich vor allem für stark strapazierte Fahrflächen oder Parkplätze. Am Anfang sind diese Flächen praktisch wasserundurchlässig und müssen über einen Hofsammler oder eine seitliche Versickerung entwässert werden. Erst mit den Jahren wird der Belag durchlässiger und in den wenig oder gar nicht befahrenen Bereichen auch vegetationsfähig.

Mergelbelag – eine Mischung aus gebrochenem Kies mit hohem Kalkanteil – wird auf Fahr- und Parkflächen eingesetzt, die hohe Belastungen aushalten müssen. Fußwege mit Mergel sieht man vor allem im öffentlichen Bereich auf stark frequentierten Flächen.

Schotterrasen

Eine weitere Abwandlung des Kiesbelages ist der Schotterrasen – eine Kiesfläche, die gezielt begrünt wird. Diese Bauart eignet sich für sporadisch benutzte Parkflächen oder Abstellplätze. Auch selten benutzte Zufahrtswege können mit Schotterrasen ausgeführt werden. Der tragfähige Untergrund lässt sogar eine sporadische Nutzung mit LKW zu. Wird die Fläche nicht genutzt, dient sie je nach Art der Begrünung als mehr oder weniger artenreiche Naturfläche. Nach dem Einbauen der Fundationsschicht wird eine Mischung aus Oberboden und Straßenkies aufgebracht. Der Anteil Oberboden darf dabei maximal 15 Prozent betragen. Die Fläche wird mit einer geeigneten Samenmischung angesät. Im Handel sind spezielle Mischungen für Schotterrasen erhältlich. Die Fläche darf erst befahren werden, wenn die Pflanzendecke verwachsen ist. Die Pflanzenwurzeln stabilisieren die Fläche zusätzlich, eine frühzeitige Nutzung würde die Funktion des Belages daher beeinträchtigen.

Beim Schotterrasen, einem bewachsenen Kiesbelag, stabilisieren die Pflanzenwurzeln die Oberfläche. Dieser Oberflächenbelag wird vorwiegend für Park- oder Lagerflächen eingesetzt, die unregelmäßig genutzt werden.

Wege und Vorplätze können mit Natursteinpflaster gestaltet werden. Wenn die Fugen mit Sand ausgefüllt werden, kann Regenwasser versickern, und in den Randbereichen wachsen trockenheitsliebende Wegbegleiter.

Bodenbeläge aus Naturstein wie Tessiner Gneis eignen sich für Sitzplätze oder Fußwege. Auch auf Terrassen und Balkonen lassen sich Natursteine effektvoll einsetzen.

Natursteinpflaster

Für viele ist dies der Naturgartenbelag schlechthin. Dabei spielen sicher auch nostalgische Gefühle mit. Wer erinnert sich nicht gern an die Ferien in südlichen Ländern, wo in Dörfern und Städten zerfurchtes Natursteinpflaster des Weges führt? Natursteinpflaster ist ästhetisch ansprechend und gleichzeitig sehr robust. Früher waren ganze Städte mit diesem Material belegt, es hielt zu Beginn des vergangenen Jahrhunderts den Rädern von Pferdedroschken und später auch dem Autoverkehr stand. Zugegeben, im Winter lässt sich Schnee auf Asphalt einfacher räumen als auf unebenen Pflastersteinen. Der Grund, warum Natursteinpflaster heute nur noch selten erstellt wird, ist jedoch der hohe Preis, der sich aus der aufwändigen Produktion und dem Aufwand für das Verlegen rechtfertigt.

Im Naturgarten eignen sich Natursteinpflasterungen sehr gut für befahrene Wege und stark genutzte Plätze. Aber auch auf Gartenwegen oder kleinen Sitzplätzen lässt sich der von Hand behauene Stein gut verlegen. Die Pflastersteine müssen einzeln in ein Sandbett gesetzt oder geschlagen werden. Dafür gibt es eigens ausgebildete Pflasterer, die in der Lage sind, am Tag eine Fläche von 20 m^2 mit einzelnen Steinen zu belegen.

Die Fugen werden mit Brechsand aufgefüllt. Auf keinen Fall werden sie mit Mörtel vergossen, weil sonst einer der großen Vorteile, nämlich die gute Wasserdurchlässigkeit, nicht gewährleistet wäre. Die Fugen werden mit der Zeit von speziellen Pflanzenarten spontan bewachsen. In den wenig benutzten Randpartien können durchaus auch höhere Stauden oder Gräser wachsen, die dem Belag nicht schaden. Einzig sich entwickelnde Pioniergehölze wie Birken- oder Ahornsämlinge sollten rechtzeitig entfernt werden. Eine Alternative zu neuen Pflastersteinen sind Pflasterungen aus verschiedenen Natursteinmaterialien – wir nennen sie Recyclingpflaster. Dazu können alte und neue Steine in unterschiedlichen Größen zu einem lebendigen Belag vereint werden.

Natursteinpflaster wird in reiner Handarbeit erstellt: Jeder Stein wird einzeln gesetzt und von Hand auf die richtige Höhe geklopft.

Natursteinpflaster oder Kopfsteinpflaster ist für viele der schönste aller denkbaren Bodenbeläge.

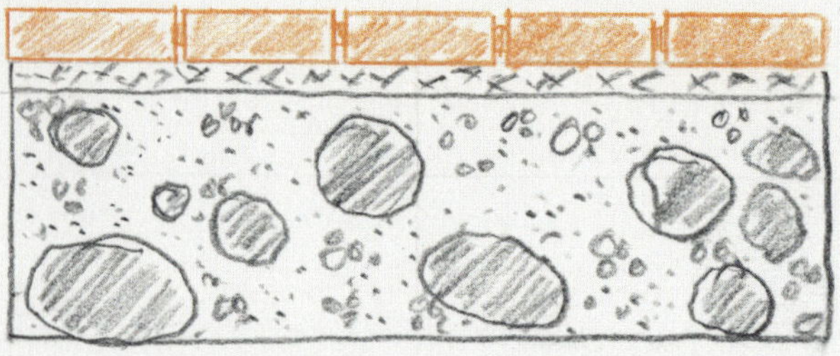

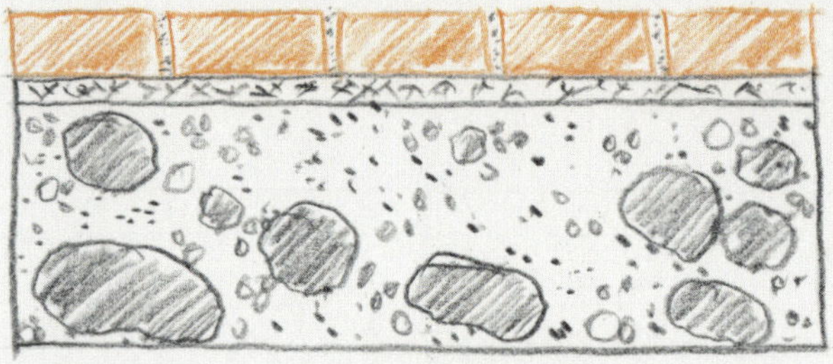

Betonsteinpflaster

Meist sind es die niedrigeren Kosten, die zur Wahl eines Betonsteines führen. Das ist im Fall einer Park- und Abstellfläche oder einer Garagenzufahrt durchaus verständlich und sogar sinnvoll. Auch bei größeren Wohnhausanlagen können Betonsteine für die Hauptwege die richtige Wahl sein. Auf einem Sitzplatz im Garten oder auf einer Terrasse gibt es jedoch Materialien, die sowohl ästhetisch als auch bezüglich des Mikroklimas besser geeignet sind. Betonsteine kommen für alle befahrenen und begangenen, auch verstärkt genutzten Wege im Garten infrage, außerdem für Parkplätze und Zufahrten. Sie besitzen alle dieselbe Schichtstärke und lassen sich mühelos in ein vorbereitetes Splittbett verlegen. Ein eingespieltes Team von drei Personen kann an einem Tag eine Fläche von bis zu 120 m^2 verlegen.

Klinkerpflaster

Wer schon einmal in Norddeutschland oder Holland unterwegs war oder dort lebt, kennt Pflasterungen aus gebranntem Tonstein oder Klinker. Ganze Straßenzüge und Plätze werden manchmal mit Klinker ausgelegt. In der Schweiz ist dieses Material eher unbekannt. Der Tonstein ist in verschiedenen Farben und Formaten erhältlich – entgegen der landläufigen Meinung ist Klinker nicht zwingend ein roter Stein. Pflasterklinker wird wie Betonpflaster in ein vorbereitetes Splittbett verlegt. Steine mit einer scharfen Kante müssen mit einer minimalen Fuge verlegt werden, die danach mit Sand aufgefüllt wird. Klinker eignet sich für Fahr- und Fußwege, Sitzplätze und besonders wegen seines ausgeglichenen Temperaturverhaltens auch für Terrassen und Balkone.

Betonpflaster ist in vielen Größen und Farbvarianten erhältlich. Es ist die günstigere Alternative zum Naturstein. Betonsteine eignen sich für Fahr- und Fußwege, Abstell- oder Lagerplätze.

Das Verlegen von Betonpflaster ist einfach und kann auch von Laien mit dem richtigen Werkzeug und etwas Übung problemlos ausgeführt werden.

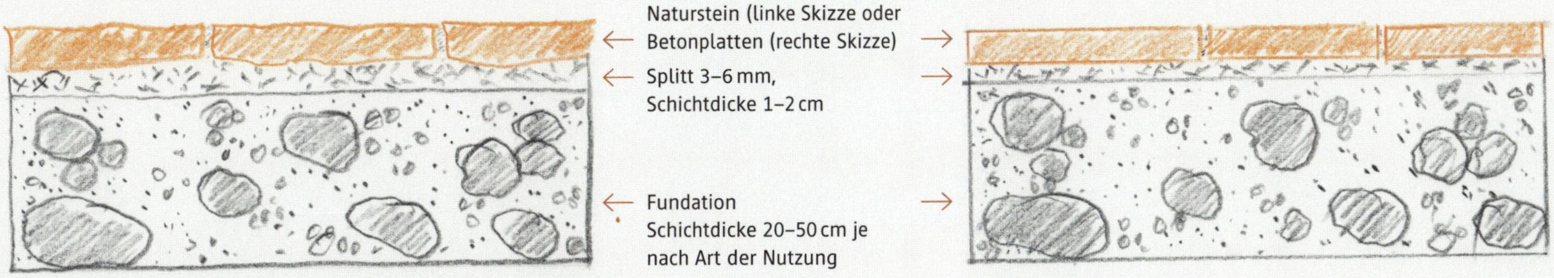

In diesem Beet wurden vorhandene Zementplatten als Trittplatten verlegt. Sind die Stauden hochgewachsen, lässt es sich auf diesem Blumenpfad wandeln. Gleichzeitig bieten die Platten bequemen Zugang zur Fläche für die Pflege der Pflanzen, ohne dass etwas beschädigt wird.

Plattenbeläge aus Gneis oder Quarzit werden oft in Bahnen verlegt. Das bedeutet, die Plattenbreiten sind vorgegeben und die Plattenlängen sind unterschiedlich. Platten mit fixen Höhen lassen sich einfach in ein vorbereitetes Splittbett verlegen.

Plattenbeläge

Böden aus Platten eignen sich in erster Linie für Sitzplätze im Garten oder auf Terrasse und Balkon. Die Auswahl an einheimischen Natursteinen ist beschränkt, die Fülle an Betonmaterialien dagegen schier unerschöpflich. Die Wahl ob Beton oder Naturstein wird in der Regel über den Geldbeutel entschieden. Dabei gilt es zu bedenken, dass man auf dem ausgewählten Material die nächsten Jahre leben wird. Oft wird außer Acht gelassen, dass Materialoberflächen nicht nur sauber gehalten werden müssen, sondern auch für das jeweilige Mikroklima verantwortlich sind und ein haptisches Erlebnis sein können.

Natursteinplatten mit bruchrohen Oberflächen müssen einzeln in ein Splittbett verlegt werden. Dafür eignet sich Splitt in einer Korngröße von 3 bis 6 mm am besten. Die Splittlage wird von Hand mit einer Pflasterkelle so lange planiert, bis die Platte auf der richtigen Höhe zu liegen kommt. Natursteinplatten mit bearbeiteter Oberfläche (geflammt, gestockt, sandgestrahlt) und Betonplatten haben alle die gleiche Schichtdicke und können auf ein großflächig vorbereitetes Splittbett verlegt werden. Plattenbeläge werden in Bahnen, als schottischer Belag oder als Mosaikbelag (unregelmäßige Plattenformate) verlegt (siehe folgende Seite). Betonplatten sind in vielen Dimensionen erhältlich. Damit können mit etwas Fantasie und einem Quäntchen Mehraufwand beim Verlegen reizvolle Fugenbilder entstehen.

Mosaikbelag
Aus wildförmigen Platten. Jede Platte wird einzeln behauen.

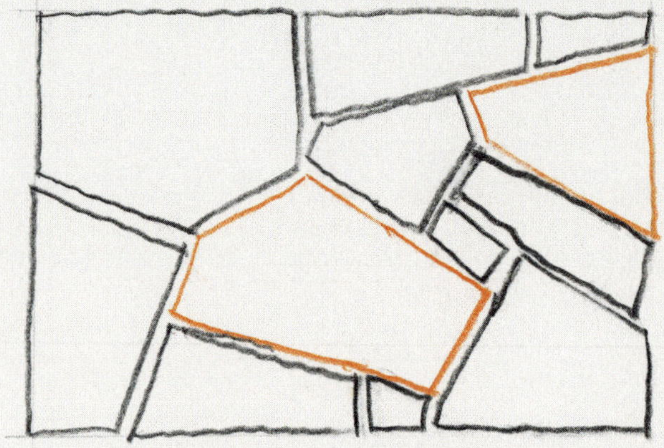

Schottischer Verband
Jede Platte hat ein anderes Format und wird einzeln behauen.

Läuferverband
Aus Platten mit fixen Breiten und freien Längen. Die Platten werden ausschließlich in der Länge bearbeitet.

Betonplatten schottisch
Etwa aus den Formaten: 100 x 100 cm / 100 x 50 cm / 50 x 50 cm / 50 x 25 cm

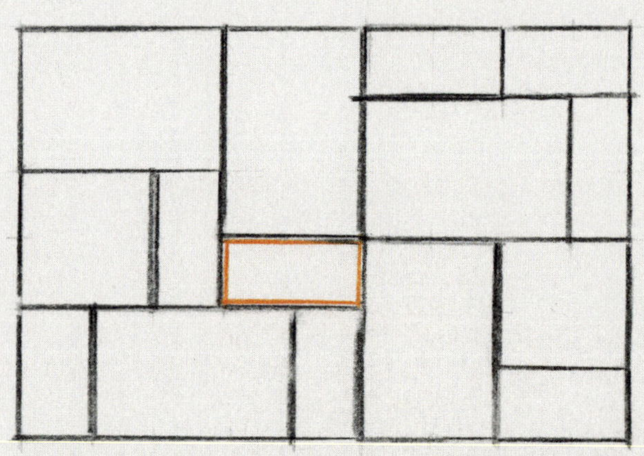

Plattenfugen werden mit Sand ausgefüllt, damit auch hier Regenwasser zumindest teilweise versickern kann.

Sandstein-Mosaikbelag in einem Gartenlokal. Die Fugen wurden bewusst belassen und sind heute mit Sternmoos bewachsen.

Als Mosaikbelag bezeichnet man den Bodenbelag, wenn er mit wildförmigen Platten ausgeführt wird.

Mit Betonplatten in verschiedenen Größen wurde dieser Sitzplatz gestaltet. Er geht fließend in Kies- oder Wiesenflächen über.

Recyclingbelag
Aus verschiedenen Beton- und Natursteinen oder anderen Materialien. Der Fantasie sind keine Grenzen gesetzt.

Aus gebrauchtem und altem Material lassen sich wunderbare Wege und Plätze bauen.

Recyclingbeläge

Ein ungewohnter und noch nicht weit verbreiteter Belag wird aus recyceltem Material zusammengefügt. Mit etwas Übung und Geschick entstehen sehr individuelle, vielseitige Böden, die auch den Ansprüchen an Dauerhaftigkeit genügen. Verwendet werden ebenmäßige Materialien aus Kunst- und Naturstein oder Klinker. Meist sind es Materialien, die schon einmal verwendet wurden und im Zuge eines Umbaus zurückgebaut werden. Andernfalls ist es Ausschuss aus der Produktion, der kleine Fehler aufweist. Betonsteine, alte Natursteinplatten, Waschbetonplatten und viele weitere Materialien finden so eine sinnvolle Wiederverwendung und müssen nicht entsorgt werden. Der Materialpreis ist verschwindend klein. Die Aufbereitung und Assortierung des Materials sowie das Verlegen sind aufwändiger als bei Plattenbelägen «von der Stange».

Recyclingbeläge sind nicht nur kostengünstiger als Naturstein, sondern es sind auch Unikate. Den gleichen Belag wird es nicht wieder geben, weil die Materialauswahl immer unterschiedlich ist.

Holzdecks eignen sich hervorragend für Sitzplätze (an der Sonne), auf Terrassen, aber auch als Stege oder Brücken über Gewässer.

Holzdecks

Für Naturgärtner ist es selbstverständlich, dass Holzdecks aus heimischem Lärchen- oder Douglasienholz gefertigt werden. Funktionalität und Langlebigkeit sind einzig eine Frage der Holzqualität und Verarbeitung. Qualitativ hochwertige Holzroste haben eine Lebensdauer von 20 und mehr Jahren. Allerdings ist es nicht einfach, die benötigte Holzqualität aufzuspüren beziehungsweise einen Lieferanten zu finden, der eine solche Qualität in seinem Sortiment führt. Auch Zertifikate helfen nur bedingt weiter, weil sie ohne Kontrolle einfach am Holz angebracht werden können. Am besten geht man zu einem Schreiner oder Zimmermann, dem man vertraut. Er weiß, woher das Holz stammt und wie es gesägt und verarbeitet wurde.

Für ein robustes und nachhaltiges Holzdeck wird ausschließlich Kernholz verwendet. Der Unterbau muss ebenfalls aus einer guten Holzqualität hergestellt werden, weil dies der Bereich ist, der mit Feuchtigkeit in Berührung kommt. Die Unterkonstruktion wird am besten auf zuvor ausgerichtete in Splitt verlegte Zementplatten (Recycling) verlegt. So kommt das Holz nicht direkt mit dem Boden in Berührung. Die Latten werden alle von unten verschraubt, damit in die Schraublöcher von oben kein Wasser eindringen kann, was die Lebensdauer eines Decks wesentlich verkürzen würde. Böden aus Holzlatten im Außenbereich werden nicht behandelt. Durch die Witterung entsteht eine natürliche Patina, die wie eine Schutzschicht das Holz überzieht. Holzdecks eignen sich für Sitz- und Liegeflächen sowie für Brücken und Stege, die an der Sonne liegen.

Materialien – Eigenschaften und Verwendung

Materialart	Verwendung	Eigenschaften	Vorteile	Nachteile	Umwelt / Klimaschutz
Brechsand (Wassergebundene Wegedecke)	Fahr- und Fußwege, naturnahe Spielplätze (Boccia, Tennis, Fußball etc.), Unterbau für Rundkiesbelag	glatte Oberfläche, ausgeglichene Temperaturen, vegetationsfähig, wasserdurchlässig, Barfußbelag	kostengünstig, Reparaturen einfach auszuführen, traditionell, historisch, ästhetisch ansprechend	mangelnde Sauberkeit, in den ersten zwei Jahren starke Absandung, Staubentwicklung bei Trockenheit, weich nach Frost, bei starkem Gefälle Abschwemmungen	Abbau regional, kurze Transportwege, sickerfähig: Grundwasseranreicherung mit Filterwirkung
Rundkies (Wassergebundene Wegedecke mit Sauberkeitsschicht)	Fußwege, Sitzplätze, Park- und Abstellplätze	ausgeglichene Temperaturen, wasserdurchlässig, vegetationsfähig, Barfußbelag	kostengünstig, Reparaturen einfach auszuführen, trocknet schnell ab, traditionell, historisch, ästhetisch ansprechend	Spurrinnenbildung bei starker Fahrzeugbelastung	Abbau regional, kurze Transportwege, sickerfähig: Grundwasseranreicherung mit Filterwirkung
Mergel	Fahrwege, Park- und Abstellplätze, stark beanspruchte Fußwege, Unterbau für Brechsand- oder Rundkiesbelag	belastbare Wege und Plätze mit grauer oder gelber Oberfläche, vegetationsfähig	kostengünstig, Reparaturen einfach auszuführen, hohe Fahrzeugbelastbarkeit	Spurrinnenbildung bei sehr starker Fahrzeugbelastung, nur bedingt wasserdurchlässig	Abbau teilweise überregional (Schweiz), mittlere Transportwege
Schotterrasen	Park- und Abstellplätze, die unregelmäßig genutzt werden, Langzeit-, Lager- und Abstellflächen	Plätze mit sporadisch hoher Belastung, durchlässig, hohe Stabilität nur mit Vegetation	Grünfläche, die belastet werden kann, unterhaltsarm, sehr gute Durchlässigkeit, aus diesem Grund keine zusätzlichen Entwässerungen notwendig	Spurrinnenbildung bei sehr starker Fahrzeugbelastung, funktioniert nur gut bei verwachsener Vegetationsdecke, erst belastbar, wenn verwachsen	Materialien regional verfügbar, hohe Wasserdurchlässigkeit, Artenvielfalt in der Vegetationsdecke
Natursteinpflaster	Fahr- und Fußwege, Eingangsbereiche	dauerhaft, robust, unverwüstlich, wasserdurchlässig, vegetationsfähig, Oberflächentemperatur ausgeglichen, Vermörtelung nur unter Vordächern notwendig	nachhaltig, stark belastbar, viele Gestaltungsmöglichkeiten, kann ohne sichtbaren Flick ergänzt werden, traditionell	kostenintensiv, Oberfläche nur bedingt rollstuhlgängig, teilweise uneben	aus inländischem Abbau mittlere Transportwege, bei Abbau im Ausland lange Transportwege
Betonpflaster, Sickerpflaster, Betonpflaster mit Fugen	Fahr- und Fußwege, Park- und Abstellplätze	Oberfläche kalt oder heiß, robust	große Auswahl an verschiedenen Oberflächen, Farben und Formen, einfach zu verlegen, gute Verfügbarkeit	stark schwankende Oberflächentemperaturen, nur bedingt wasserdurchlässig, Betoncharakter	Produktion überregional in Nachbarländern, Energieverbrauch bei Produktion (inklusive Zementherstellung), Transportwege zum Teil sehr lang
Klinkerpflaster	Fahr- und Fußwege, Park- und Abstellplätze, Sitzplätze, Gartenwege, Terrassen	mit hoher Temperatur gebrannter Ton, frostfest, angenehme Oberflächentemperatur	viele Gestaltungsmöglichkeiten, wasserdurchlässig (Fugen), gute Verfügbarkeit, hoher Grad an Individualität, Farbechtheit	zum Verlegen Fachkenntnisse notwendig	Produktion in Deutschland oder Holland, je nach Standort Transportwege recht lang

Materialart	Verwendung	Eigenschaften	Vorteile	Nachteile	Umwelt / Klimaschutz
Natursteinplatten aus Sandstein	Sitzplätze, Fußwege, Trampelpfade, Terrassen	weiche Oberfläche, Wärmespeicher, gut zu verarbeiten, schafft angenehmes Ambiente	Naturmaterial, gut verarbeitbar, in der Regel regional erhältlich, angenehmes Mikroklima durch Temperaturspeicher	zur Bearbeitung Spezialwissen und Spezialwerkzeuge erforderlich, kostenintensiv, kaum wasserdurchlässig, im Schatten Rutschgefahr	Abbau regional möglich, Transport sowie Auf- und Abladen mit LKW
Natursteinplatten aus Gneis, Quarzit/Granit	Sitzplätze, Fußwege, Zufahrten, Trampelpfade, Terrassen	hartes Gestein, sehr dauerhaft, hohe Dichte, schwer bearbeitbar	Naturmaterial, im Inland erhältlich, dauerhaft, stabil und bruchsicher	zur Bearbeitung Spezialwissen und Spezialwerkzeuge erforderlich, kostenintensiv, Oberflächentemperaturen schwankend	Abbau in der Schweiz, im Tessin oder Graubünden, in Deutschland nach Steinart, mittlere Transportwege
Betonplatten (Zementplatten)	Sitzplätze, Fußwege, Trampelpfade, Abstellflächen, Terrassen	robust, Oberfläche kalt oder heiß, Normgrößen	einfach zu verlegen, kostengünstig, gute Verfügbarkeit	Oberflächentemperaturen stark schwankend, kaum wasserdurchlässig, Betoncharakter	Produktion überregional oder in Nachbarländern, Energieverbrauch bei Produktion (inklusive Zementherstellung), Transportwege zum Teil sehr lang
Lärchenholzdeck	Sitzplätze, Veranden, Stege, Brücken, Terrassen	warme, angenehme Oberfläche, bei guter Holzqualität und Verarbeitung dauerhaft, Witterungsschutz durch natürliche Patina	Holz aus heimischer Produktion, angenehmes Mikroklima durch Temperaturausgleich, Vorfertigung möglich	Holzsplitter, kurze Lebensdauer bei Berührung mit feuchtem Erdreich, an schattigen Standorten Algenbildung, dadurch Rutschgefahr	Hölzer aus heimischen Wäldern haben gegenüber tropischem Holz eine sehr gute Energiebilanz
Rindenschnitzel	Gartenwege, Sitzplätze in schattigen Gartenbereichen, Gemüsegärten, Trampfelpfade, Sinnes- und Erlebniswege	weiche Oberfläche, gelenkschonend, schafft angenehmes Ambiente	gute, regionale Verfügbarkeit, kostengünstig, leicht zu verarbeiten	schnelle Verrottung, Versäuerung angrenzender Pflanzflächen	kurze Transportwege bei Verwendung von Material aus der unmittelbaren Umgebung, Recyclingprodukt aus der Forstwirtschaft
Spaltholz, Rundholz	Trampelpfade, Sinnes- und Erlebniswege, Gartenwege durch schattige Partien (Waldgarten)	raue, unebene Oberfläche, angenehme Oberflächentemperatur	gute, regionale Verfügbarkeit, kostengünstig, leicht zu verarbeiten	bei schlechter Entwässerung kurze Lebensdauer, raue, unebene Oberflächenstruktur	kurze Transportwege bei Verwendung von Material aus der unmittelbaren Umgebung

Warum ich in meinen Gärten mit einheimischen Hölzern arbeite

Um es gleich vorweg zu nehmen: Ich bin ein vehementer Gegner von Tropenholz. Dies hat verschiedene Gründe. Zum einen ist die Ressource Holz bei uns in der Schweiz ausreichend vorhanden. Unser Land ist sogar in der Lage, Holz als Rohstoff zu exportieren. Zum anderen ist heimisches Holz bei richtiger Auswahl und sorgfältiger Bearbeitung genauso haltbar wie Tropenholz.

Der Hauptgrund aber sind mehrere Reisen, auf denen ich mit eigenen Augen sehen konnte, was wir mit dem Verwenden von Tropenholz bewirken. Besonders schockierend war eine Reise nach Brasilien, in eines der größten Feuchtgebiete der Welt, das Pantanal. Die Fläche dieses Gebietes entspricht in etwa der Fläche der Bundesrepublik Deutschland. In diesem Naturparadies leben mehr als 665 Vogelarten, mehr als in ganz Europa beheimatet sind. Außerdem leben hier Jaguar, Puma und Ozelot, Capybaras (die größten Nagetiere der Welt), Sumpfhirsche und eine Vielzahl von Amphibien, Schmetterlingen und anderen Insekten.

In diesem Gebiet gibt es einzelne Fazendas (Farmen), die für Touristen Touren organisieren, um die Flora und Fauna des Pantanal zu entdecken. Man geht zu Fuß oder fährt auf der Pritsche eines Lieferwagens durch die grüne Wildnis. Unterwegs begegneten wir einer Unzahl von Vögeln, darunter auch Hyazinth-Aras, die in diesem Gebiet noch vorkommen. Wir sahen einen Tapir, Affen und das Jacaré, eine Krokodilart. In der Abenddämmerung lief uns gar eine Familie der scheuen Capybaras über den Weg.

Auf einer unserer Touren kamen wir an einer Fläche vorbei, die frisch gerodet wurde. Soweit das Auge reichte, waren Bäume und Büsche komplett entfernt worden. Riesige Bulldozer waren dabei, die Wurzelstöcke zu großen Haufen zusammenzuschieben und die Flächen zu planieren. Hier werde später Soja angebaut, sagte uns ein Gaucho (so nennt man die Nachkommen von iberischen Einwanderern, die Viehzucht betreiben, vergleichbar mit den Cowboys in Nordamerika). Ein Lebensraum, in dem eine riesige Vielfalt an Pflanzen und Tieren gedieh, wurde innerhalb kurzer Zeit zerstört.

Das hat mich damals wie heute tief beschämt und ich habe mir geschworen, nie mit Materialien aus solchen Gebieten zu arbeiten. Auch nicht, wenn das Holz zertifiziert ist. Denn durch die Erfahrung mehrerer Reisen nach Brasilien ist mir klar geworden, dass ein solches Label auf jeden Baum gedruckt wird, wenn einfache Waldarbeiter oder korrupte Holzverkäufer damit beauftragt werden. Aus diesem Grund sind unsere Holzdecks aus heimischem Lärchenholz, die Schwimmteichleitern sowie Bänke und Tische aus hiesiger Eiche. Zusammen mit einem Schreiner, der sein Handwerk nicht nur versteht, sondern das Arbeiten mit dem Holz liebt, entstehen nachhaltige Produkte für unsere Naturgärten.

Naturgärtner verwenden für Holzdecks ausschließlich heimisches Holz. Im Vordergrund steht Lärche als robuste und langlebige Variante, sofern Holzqualität und Verarbeitung stimmen.

Rinden- und Holzschnitzel

Für Wege und Plätze ist dieses Material gut verwendbar. Es fühlt sich herrlich an, barfuß über die weichen Rinden- und Holzschnitzel zu gehen. Trampelpfade oder selten benutzte Plätze können direkt mit Rindenmaterial eingedeckt werden. Für höhere Ansprüche wird eine Fundationsschicht eingebaut, auf die Schnitzel in einer Schichtdicke von 10 bis 20 cm verteilt werden. Schnitzelmaterial verrottet relativ schnell und kann problemlos nachgefüllt werden. Achten sie darauf, woher die Schnitzel kommen. Es gibt genügend heimisches Material und es ergibt keinen Sinn, ein Abfallmaterial aus der Forstwirtschaft hunderte Kilometer zu transportieren. Rinden- und Holzschnitzel eignen sich für Wege und Plätze in schattigen Gartenbereichen, für Nebenwege im Nutzgarten oder für den Werkplatz vor dem Kompost.

Gartenwege aus Spaltholz

Dies ist eine der einfachsten Methoden, einen Weg anzulegen. Beim Forstwirt oder Bauern kaufen wir Meterholz, das sind 1 m lange Spalt- oder Rundhölzer. Vielleicht sind beim letzten Winterschnitt dickere Äste oder Stammstücke übrig geblieben, dir wir zuschneiden und aufspalten können. Die Länge hängt von der Breite des Weges ab; ideal sind Längen zwischen 60 und 80 cm. Für einfache Pfade können wir das Spaltholz direkt auf den Oberboden legen und füllen die Fugen mit Erde oder Sand auf – fertig ist der Holzknüppelweg. Wer eine dauerhaftere Lösung möchte, verlegt die Hölzer in Splitt auf einer Fundationsschicht von 20 cm Stärke. Spaltholzwege eignen sich für Wandelpfade im Garten oder als Zugangsweg zum Schattensitzplatz.

Rinden- und Holzschnitzel sind als Abdeckmaterial ungeeignet – aber als Wegmaterial für Gartenpfade in Schattenbereichen oder schmale Gartenwege im Nasch- und Gemüsegarten passen sie sehr gut.

Ein spezieller Belag mit Holz: Böden aus Holzpflaster. Dazu werden Holzscheiben in einer Dicke von 8 cm geschnitten und in Splitt verlegt.

Kiesbankett aus bindigem Straßenkies (in diesem Bereich ist eine Bepflanzung oder Ansaat mit Wegrand-vegetation möglich, z.B. mit Wegwarte, Schwarzer Königskerze, Moschus-Malve, Feld-Thymian)

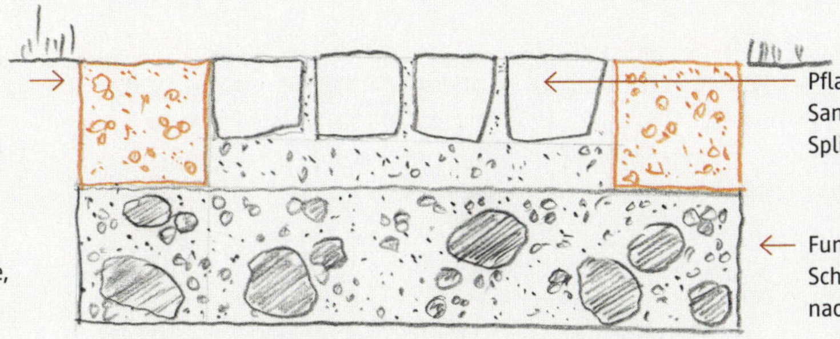

Pflastersteine
Sand 0–8 mm oder
Splitt 3–6 mm

Fundation
Schichtdicke 20–50 cm je nach Art der Nutzung

Bepflanzung von Wegen und Plätzen

Mit dem Abtrag von Oberboden und dem Einbringen des Fundaments aus Kiesmaterial schaffen wir einen nährstoffarmen, wasserdurchlässigen Untergrund. Das ist der ideale Lebensraum für alle Pflanzen aus den Bereichen Trockenstandort, Magerwiese oder warmer Heckensaum. Damit kommt Wegen und Plätzen im Naturgarten eine weitere Bedeutung zu: als Lebensraum für Pflanzen und Tiere. An den Rändern von Wegen und Plätzen, aber auch in den Fugen von Plattenbelägen lassen sich spezialisierte Pflanzenarten wie Natternkopf *(Echium vulgare)*, Kartäuser-Nelke *(Dianthus carthusianorum)*, Golddistel *(Carlina vulgaris)*, Ausdauernder Lein *(Linum perenne)*, Nesselblättrige Glockenblume *(Campanula trachelium)* und viele andere einpflanzen. Es braucht nur wenige Initialpflanzen, die sich durch Aussamen vermehren werden.

Kiesige, trockene Wegränder sind ideale Standorte für Pflanzen, welche Trockenstandorte, Magerrasen oder Ruderalflächen besiedeln – beispielsweise Natternkopf, Königskerze, Nachtkerze, Karthäusernelke oder Diptam.

Warme Standorte mit durchlässigen, nährstoffarmen Böden sind auch ideal für Pflanzen wie unsere Küchenkräuter, die aus anderen Florengebieten kommen: Thymian *(Thymus vulgaris)*, Gewürzsalbei *(Salvia officinalis)*, Oregano *(Oreganum majoranum)*, Rosmarin *(Rosmarinus officinalis)*, Lavendel *(Lavandula angustifolia)* und Ysop *(Hyssopus officinalis)*. Sie alle stammen ursprünglich aus dem Mittelmeerraum und bevorzugen trockene, nährstoffarme Böden. Wieso den Sitzplatz am Rand also nicht mit duftenden Kräutern bepflanzen? Fugen von Platten können mit flach wachsenden Sand-Thymian-Sorten *(Thymus serpyllum)*, Fetthenne *(Sedum album)* oder dem Niederliegenden Mastkraut *(Sagina procumbens)* bepflanzt werden. Vor dem Eingraben werden die Pflanzen aus dem Kulturtopf entnommen und möglichst viel Erdmaterial wird abgeschüttelt. Anschließend werden sie direkt in den Kiesbelag eingepflanzt, ohne Zugabe von Erde oder Bodenverbesserungsmitteln.

Die in der Kultur- und Siedlungslandschaft seltenen Pflanzen der Trockenstandorte sind Nahrungsgrundlage für Schmetterlinge, Wildbienen oder Hummeln.

Feriengefühl jeden Tag vor der eigenen Haustüre. Wer einen wildromantisch verwachsenen Garten hat, muss nicht mehr in die Ferien fahren, um herunterzufahren und die Seele baumeln zu lassen.

Unerwünschtes Kraut aus der Tiefe

Vielen Gartenbesitzern sind sprießende Kräuter in Fugen und Ritzen oder wild wuchernde Pflanzen am Wegesrand ein Dorn im Auge. Der Einsatz von Herbiziden – zu gut Deutsch Unkrautvernichter – ist in der Zwischenzeit im Privatgarten untersagt, weshalb neue Strategien hermüssen, um der Wildnis Herr zu werden.

So haben einzelne Zeitgenossen begonnen, unter ihren Wegen und Plätzen Kunststofffolien zu verlegen, um der wilden Natur Einhalt zu gebieten. Leider alles für die Katz – oder hat schon einmal jemand gesehen, wie die Unkräuter aus der Tiefe des Bodens, also quasi vom Erdmittelpunkt an die Erdkruste wachsen? Samen von Kräutern werden vom Wind, von Vögeln, aber auch von der geliebten Hauskatze von einem Ort zum anderen getragen. Irgendwo fallen sie auf den Boden, keimen auf, wenn ihnen der Standort zusagt, und beginnen ihren Feldzug gegen den Ordnungs- und Sauberkeitswahn der Gartenbesitzer.

Unerwünschte Kräuter können, zum Beispiel auf Kiesbelägen, ganz einfach und in gediegener, aufrechter Arbeitshaltung, binnen Sekunden mit einer Pendelhacke abgeschnitten werden. Wer ein Stück Boden sein eigen nennt, muss ein gewisses Maß an Arbeit auf sich nehmen. Es lässt sich nicht alles mit Spritzen und Zudecken lösen. Wer keine Gartenarbeit machen will, wird sich in einer Etagenwohnung sicher besser aufgehoben fühlen. Die Gartenarbeit wird dort nämlich vom Facility Manager erledigt.

Mauern und Treppen – solide gebaut, ohne Mörtel und Beton

Trockenmauern aus Steinen – eine alte Handwerkskunst

Mauern, Wände und Treppen aus Steinen ohne verbindenden Beton oder Mörtel aufzubauen, ist eine Technik, die bereits vor Jahrhunderten in ländlichen Gebieten angewandt wurde. Diese alte Handwerkskunst hat bis in die heutige hoch technisierte Zeit überlebt. In der Regel wurden die Bauwerke von Hand mit regionalem Material erstellt – eine Bauweise, die wir heute als nachhaltig bezeichnen würden. Ursprünglich wurden damit Weinberge terrassiert oder landwirtschaftliche Flächen erschlossen. Steinmauern dienten auch zur Abgrenzung, um Kulturen vor Wildverbiss zu schützen oder ganz einfach als Grenzmarkierung zwischen zwei Landparzellen.

Aus Stein wurden früher viele Häuser gebaut und wer schon einmal im Tessin oder im Wallis unterwegs war, kann sich vorstellen wie viel Arbeit in einem solchen Gebäude steckt. Durch ihre Bauweise sind Trockenmauern und Treppen aus Stein grundsätzlich wasserdurchlässig und bis zu einem gewissen Punkt flexibel gegenüber Bodenbewegungen und Frosthebungen. Mauern werden von Pflanzen und Tieren besiedelt, als Ersatz für verloren gegangene Lebensräume.

Trockenmauern haben durch ihre Bauweise den Vorteil, dass sie wasserdurchlässig und bis zu einem gewissen Punkt flexibel gegenüber Bodenbewegungen sind.

Das Bauen von Mauern ohne Mörtel, Stein auf Stein gepasst, ist eine alte Handwerkstechnik, die bereits vor Hunderten von Jahren angewandt wurde.

Trockenmauer bieten neben ihrer Stützfunktion auch wertvollen Lebensraum für hochspezialisierte Pflanzen und Tierarten, die in den Fugen und Ritzen gedeihen.

Verbindende Elemente – Trockenmauern und Treppen

In der Gartengestaltung wurden Trockenmauern Anfang der 1980er-Jahre, im Rahmen der aufkommenden Naturgartenbewegung, wieder mehr und mehr eingesetzt. Die Bauweise entspricht voll und ganz der Idee, natürliche Gärten ohne Beton und Mörtel zu bauen. Im Naturgarten werden damit Böschungen aufgefangen oder ganze Hanggärten terrassiert und die verschiedenen Ebenen miteinander verbunden. Die Gestaltungsmöglichkeiten sind nahezu unbegrenzt: Stützmauern und Terrassierungen lassen sich genauso unverwüstlich bauen wie Sitzmauern oder Stufen aus Steinblöcken. Freistehend gebaut sind Trockenmauern auch ein effizienter Sicht- und Schallschutz.

Treppenstufen überwinden Höhenunterschiede im Garten. Räume, die auf verschiedenen Ebenen liegen, werden über Stufen miteinander verbunden. Als Sitzstufen eingesetzt, werden die Treppen selber zum Gartenelement. Mit Kies verfüllte und bepflanzte Stufenanlagen können sich in eine Dufttreppe verwandeln und lassen den Weg von einer Ebene zur anderen zum sinnlichen Erlebnis werden. Treppenstufen können in Form von Block- oder Plattenstufen direkt mit den Mauerkörpern verbunden werden und erfüllen auch nach Jahrzehnten noch ihren Zweck. Überhaupt sind Trockenmauern in Bezug auf Dauerhaftigkeit den meisten Betonbauten überlegen. Zudem sind sie bei Bedarf leicht zu reparieren, da das Material einfach wieder neu aufgeschichtet werden kann.

Die Gestaltungsmöglichkeiten sind nahezu unbegrenzt – in Trockenbauweise lassen sich Stützmauern und Terrassierungen bauen, Sitzbänke gestalten oder Stufen einfügen.

Nach einigen Jahren verblüfft uns die Pflanzen- und Tiervielfalt an diesen Extremstandorten. Sonnige Plätze sind mit Feld-Thymian, Mauerpfeffer-Arten, Sonnenröschen oder wildem Majoran bewachsen. An schattigen Stellen sprießen Mauerfarn, Mauerlattich und Zimbelkraut aus den Fugen. In den Mauernischen nisten Mörtel- und Mauerbienen und teilen den Lebensraum mit Feuerwanzen und Steinläufern. Wo es nicht zu viele Katzen gibt, kann man an heißen Tagen auch die Mauereidechse antreffen, die sich auf den Steinen sonnt. Schnecken, verschiedene Spinnenarten und bei genügend großen Mauerritzen auch Erdkröten und sogar Igel nutzen die Mauer als Lebensraum. Trockenmauern sind im Gegensatz zu vermörtelten Natursteinmauern und erst recht zu Betonmauern wichtige Lebensräume. In einer Zeit, in der immer mehr Flächen versiegelt werden, bieten Trockenmauern Oasen für Tiere und Pflanzen im Siedlungsraum.

Treppen verbinden verschiedene Gartenebenen miteinander. Je nach Funktion der Treppen werden unterschiedliche Bauweisen gewählt und ausgeführt.

Stein auf Stein und sonst nichts – der Bau von Trockenmauern

Die Geschichte der Trockenmauern beginnt mit dem Sesshaftwerden der Menschen und der damit verbundenen Bewirtschaftung des Bodens. Mit Trockenmauern wurden Böschungen aufgehoben, Hänge terrassiert und für Wein- und Obstbau urbar gemacht. Trockenmauern entstanden vorwiegend in ländlichen Gegenden, in denen Arbeitskräfte und Material zur Verfügung standen. Das Handwerk des Trockenmauerbaus ist mehrere Jahrhunderte alt und entsprechend ausgefeilt. Entgegen der landläufigen Meinung sind trocken geschichtete Mauern, wenn sie statisch richtig gebaut sind, bis zu einer Höhe von 10 m oder höher realisierbar.

Im Gegensatz zu früheren Epochen, in denen man hauptsächlich Lesesteine verbaute, also Steine, die man direkt aus den umliegenden Böden aufgelesen hatte, sind heute Natur- und Kunststeine in verschiedenen Größen und Ausführungen im Handel erhältlich. Die Bauweise für Trockenmauern ist aber unabhängig vom jeweiligen Material. Will man eine massive, beständige und ansprechende Mauer gestalten, müssen gewisse Regeln strikt eingehalten werden. Mauern bis zu 1 m Höhe können nach einem Einführungskurs auch von talentierten und körperlich durchtrainierten Laien gebaut werden. Die Ausführung von höheren Mauerwerken sollte von einem Fachmann zumindest begleitet werden.

Stabile Trockenmauern brauchen ein gutes Fundament aus Kiessand oder Schotter.

Das Fundament – Basis für eine dauerhafte Trockenmauer

Trockenmauern stehen auf einem Kiesfundament. Für das Fundament und die Mauer selbst wird ein Aushub erstellt, bei kleineren Mauern in Handarbeit, für größere Bauwerke ist ein Raupenbagger unumgänglich. Das Aushubmaterial wird teilweise seitlich gelagert, zumindest die Menge, die später für Geländeanpassungen benötigt wird. Das restliche Material wird im besten Fall im Garten wiederverwendet oder abgeführt.

Trockenmauern müssen auf dem gewachsenen Boden stehen. Besonders Mauern, die eine Stützfunktion haben, dürfen nicht in Aufschüttungen gestellt werden. In einem solchen Fall muss das Fundament bis in den festen Boden gegraben und mit Kies verfüllt werden. Ist der Untergrund standfest und trotzdem wasserdurchlässig, kann auf ein Fundament verzichtet werden. Ein Fundament aus Kiessand oder Schotter genügt für alle Mauern. Die Tiefe des Fundaments liegt je nach Bodenverhältnissen zwischen 20 und 50 cm. Die Fundamentbreite richtet sich nach der Höhe der Mauer. Bei Mauern bis zu 1 m Höhe sind es in jedem Fall 50 cm. Bei Mauern über 1 m Höhe muss das Fundament mindestens ein Drittel der Mauerhöhe breit sein. Dazu kommen beidseits zusätzlich 10 cm. Eine Trockenmauer von 150 cm Höhe hat also eine Fundamentbreite von mindestens 70 cm. Wer den Mauerfuß später mit Kiespflanzen begrünen will, muss dies bei der Erstellung des Grundes berücksichtigen, das bedeutet 20 bis 30 cm zusätzliche Breite am Mauerfuß.

Das Schnurgerüst – geniale Hilfe beim Aufbau

Ein Schnurgerüst – so nennt man eine Konstruktion aus Pfählen oder Latten, an denen Richtschnüre befestigt werden – ist bei größeren Objekten unerlässlich. Für kleinere Mauern reichen auch zwei Pfähle oder Richteisen, zwischen denen eine Schnur gezogen wird, um die Richtung vorzugeben. Geschwungene Mauern oder Rundungen werden nach Augenmaß ohne Gerüst gebaut. Das Schnurgerüst besteht aus senkrechten Holzpfählen und daran befestigten Schrägpfählen. Mit dem Schrägpfahl wird der Anzug der Mauer angegeben. Darunter versteht man die Neigung der Mauer zum Hang hin. Mauern bis zu 1 m Höhe werden mit einem Anzug von 5 Prozent gebaut. Höhere Mauern mit einem Anzug von 10 bis 15 Prozent, je nach Belastung. Die Richtschnur kann während des Baus laufend am Schrägpfahl hochgezogen werden. Damit lässt sich immer genau die Neigung und die Richtung festlegen.

Bei kleinen Mauern reicht eine Richtschnur, für höhere Mauerprojekte leistet ein Schnurgerüst Hilfe für das korrekte Ausrichten der Steine.

Das Behauen der Steine ist reine Handarbeit. Arbeitstische und gutes Spezialwerkzeug erleichtern die Arbeit.

Maueraufbau – sorgfältige Handarbeit

Trockenmauern müssen sorgfältig Schicht um Schicht aufgebaut werden, wenn sie später halten sollen. Auf das Fundament wird der Grundstein gesetzt. Wir wählen für die erste Lage massive Steine mit guten Einbautiefen aus. Damit erreichen wir eine hohe Standfestigkeit der Mauer. Bereits in der ersten Lage werden Bindersteine eingebaut. Das sind Steine, die quer zum Mauerlauf eingesetzt werden. Die Länge der Bindersteine wird so gewählt, dass sie die gesamte Mauertiefe überspannen – sie verbinden die Vor- und Hintermauerung miteinander. Der Anteil an Bindersteinen hängt von der Höhe der Mauer ab. Für ein stabiles Mauergefüge braucht man mindestens ein bis zwei Bindersteine pro Quadratmeter Ansichtsfläche.

Der Mauerfuß entspricht mindestens einem Drittel der Mauerhöhe. Bei Stützmauern über 150 cm Höhe, die hohen Belastungen ausgesetzt sind, kann der Mauerfuß bis 50 Prozent der Mauerhöhe ausmachen. Am besten zieht man in diesem Fall einen Fachmann bei, der die Situation vor Ort beurteilen und nötigenfalls die statischen Faktoren berechnen kann. Für die Ansichtsfläche – die Vormauerung – werden die schöneren Steine ausgewählt und zu einem ansprechenden Mauerbild zusammengefügt. Dabei gilt es, überlange Stoß- und Lagerfugen sowie Kreuzfugen – das sind Bereiche in denen vier Steine in der gleichen Ecke aufeinandertreffen – zu vermeiden, weil diese Bereiche instabil sind und mit der Zeit ausbrechen können.

Die Hintermauerung ist der Teil der Mauer, der später nicht mehr sichtbar ist und eine rein statische Funktion übernimmt. Hierfür verwenden wir unförmige, zyklopische Steine und Abfallmaterial aus der Steinbearbeitung. Vorder- und Hintermauerung müssen schichtweise zusammen aufgebaut werden. In diesem Bereich des Mauerkörpers wird kein Kies eingefüllt, damit sich die Steine ineinander verkeilen können und trotzdem Hohlräume für die Wasserführung bleiben. Alle Steine werden einzeln gesetzt und ineinander verkeilt. Je nach Mauerbild werden die einzelnen Steine mehr oder weniger von Hand bearbeitet. Jeder Stein liegt sauber verkeilt auf dem anderen und bewegt sich nicht, wenn er fertig eingemauert ist. Nachträglich eingebaute Keile lösen sich mit der Zeit wieder und machen die Mauer dadurch instabil.

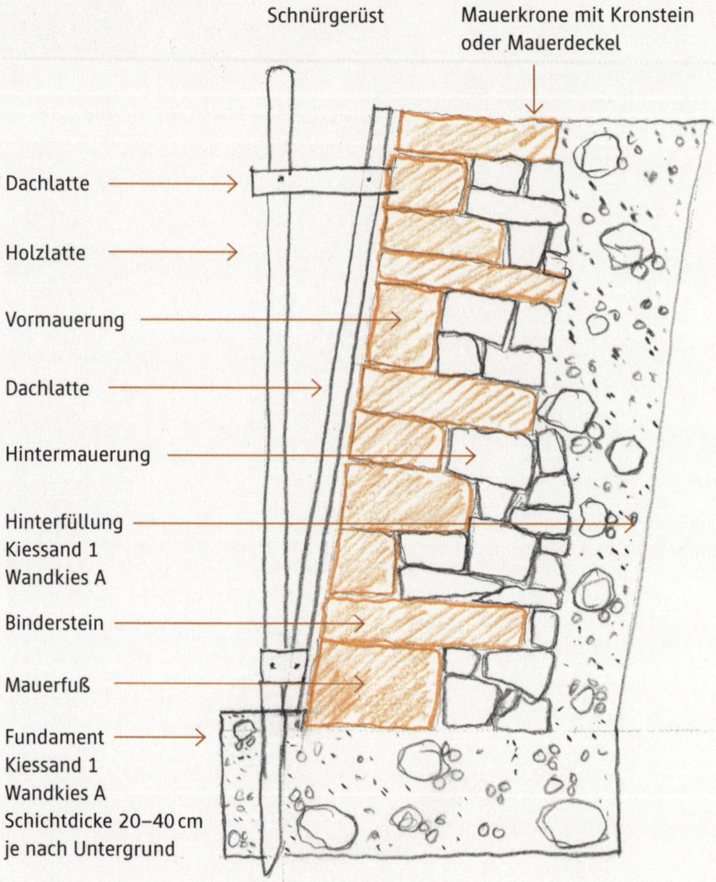
Schnürgerüst
Mauerkrone mit Kronstein oder Mauerdeckel
Dachlatte
Holzlatte
Vormauerung
Dachlatte
Hintermauerung
Hinterfüllung
Kiessand 1
Wandkies A
Binderstein
Mauerfuß
Fundament
Kiessand 1
Wandkies A
Schichtdicke 20–40 cm
je nach Untergrund

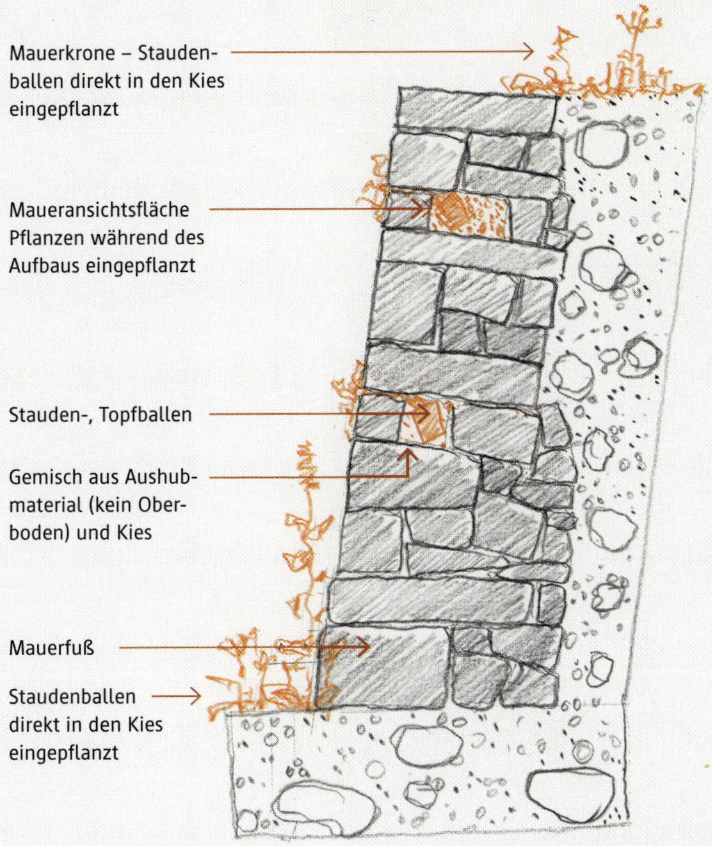
Mauerkrone – Staudenballen direkt in den Kies eingepflanzt
Maueransichtsfläche Pflanzen während des Aufbaus eingepflanzt
Stauden-, Topfballen
Gemisch aus Aushubmaterial (kein Oberboden) und Kies
Mauerfuß
Staudenballen direkt in den Kies eingepflanzt

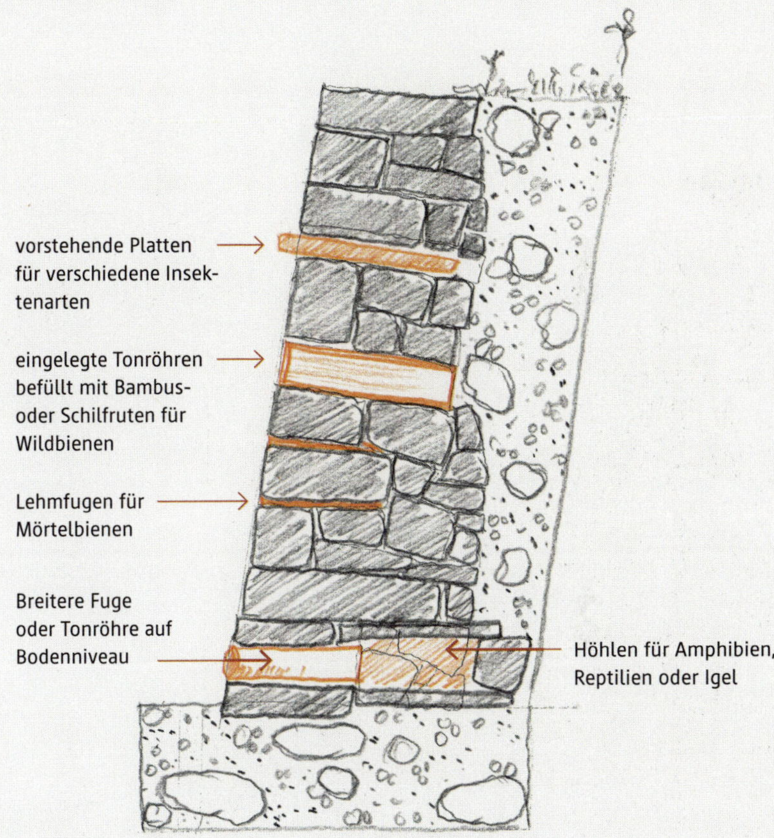
vorstehende Platten für verschiedene Insektenarten
eingelegte Tonröhren befüllt mit Bambus- oder Schilfruten für Wildbienen
Lehmfugen für Mörtelbienen
Breitere Fuge oder Tonröhre auf Bodenniveau
Höhlen für Amphibien, Reptilien oder Igel

Niedrige Mauern bis 60 cm kommen mit wenig Hintermauerung aus und können auch von handwerklich geschickten Laien gebaut werden. Aber auch in diesem Fall muss die Mauer mit Kies hinterfüllt werden.

Tatsächlich ist es die Technik des Aufbaus, die eine Trockenmauer stabil macht. Ausgebildete Steinarbeiter beherrschen ihr Handwerk und sind gleichzeitig kreativ genug, um aus einem Haufen Steine ein ansprechendes Mauerbild zu zaubern.

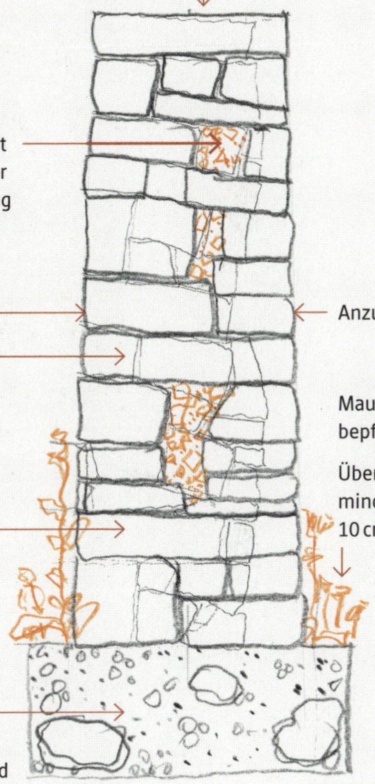

Freistehende oder – wie sie im Fachjargon heißen – doppelhäuptige Mauern sind sehr anspruchsvoll zu bauen, weil hier sowohl die Front als auch die Rück- und die beiden Querseiten sauber gemauert werden müssen.

Pflanzen, die später aus den Mauerritzen wachsen sollen, werden während des Aufbaus der Mauer eingelegt. Eine nachträgliche Bepflanzung ist praktisch unmöglich.

Initialpflanzung von Trockenmauern

Einige spezialisierte Pflanzenarten eignen sich, um Trockenmauern zu bepflanzen, etwa Zimbelkraut, Mauerpfeffer, Feld-Thymian, Streifenfarn oder Felsenblümchen. Ist dies gewünscht, müssen die Mauerpflanzen schon während des Maueraufbaus mit eingelegt werden. Sie werden so gepflanzt, dass sie auf der Seite der Böschung eine Verbindung zur Erde haben. Die grünen Bewohner werden einfach mit den Topfballen in die Fugen gelegt. Anschließend füllen wir mit einem Gemisch aus Kies und Aushubmaterial auf und schwemmen die Pflanze gut ein. Um die Pflänzchen vor Austrocknung zu schützen, wird die Mauer vorne leicht mit Steinen verschlossen. Die Pflanzen wachsen automatisch dem Licht entgegen und strecken bald ihre Köpfe aus den engen Mauerritzen. Die Pflanzstellen werden außen an der Mauer mit Ölkreide angezeichnet, damit sie bei heißem Wetter bewässert werden können.

Hinterfüllung und Entwässerung

Der Hohlraum zwischen der Hintermauerung und dem Erdboden wird mit durchlässigem, filterstabilem Material aufgefüllt (Kiessand, Wandkies, Betonkies). Damit ist die Entwässerung der Mauer auch bei starken Niederschlägen gewährleistet. Trockenmauern benötigen keine Drainageleitungen am Mauerfuß. Die Hinterfüllung kann während des Aufbaus der Vor- und Hintermauerung oder nach dem Erstellen des Mauerkörpers vorgenommen werden. Das Material wird in diesem Fall in Schichten eingefüllt und laufend verdichtet, damit später keine Senkungen entstehen.

Eine doppelhäuptige Sandsteinmauer als Briefkastensockel.

Sitzmauern und -bänke definieren Räume, geben dem Gartenbereich Halt und vermitteln Geborgenheit.

Sitzmauer mit Abdeckplatte

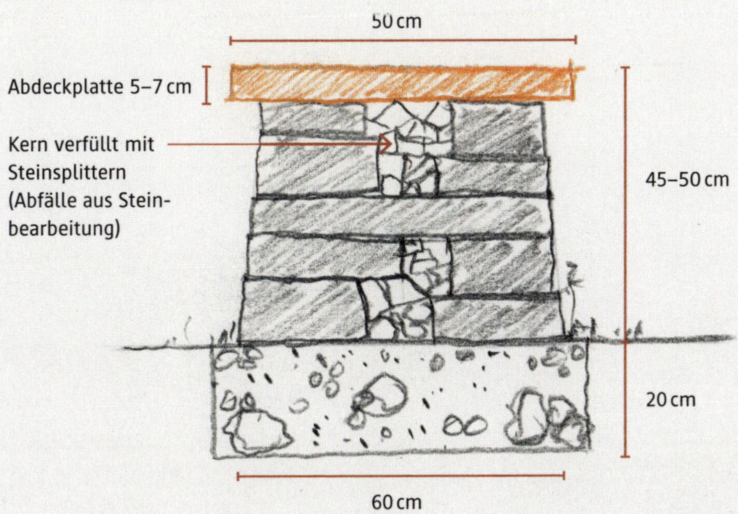

Sitzmauer mit Mauerdeckel

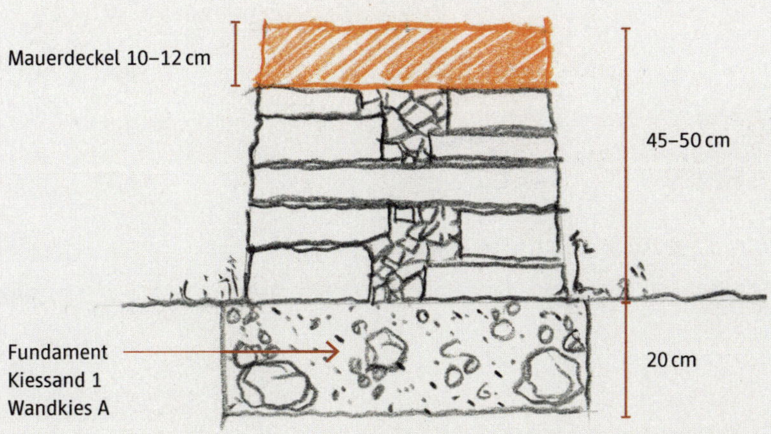

Sitzmauern und Wände – Trockenmauern mit zwei Häuptern

Abgesehen von Stützmauern können auch freistehende, sogenannte doppelhäuptige Mauern trocken gebaut werden. Diese Bauweise stellt hohe Ansprüche an die Steinarbeiter, weil beide Ansichtsflächen oder Häupter sauber und schön gemauert werden müssen. Der Aufbau ist genau gleich wie bei der einhäuptigen Stützmauer. Der Hohlraum zwischen den beiden Ansichtsflächen wird mit Abfällen aus der Steinbearbeitung oder kleineren Steinen verfüllt, auf keinen Fall aber mit Kies. Als Querverbund werden auch in diesem Mauerwerk regelmäßig Bindersteine eingebaut. Sitzmauern und Wände bis zu einer Höhe von 1 m können ohne oder mit einem geringen Anzug von 5 Prozent gebaut werden. Höhere Mauerwerke bekommen einen Anzug von 5 bis 10 Prozent.

Die Mauerkrone – krönender Abschluss

Als Mauerkrone bezeichnet man den oberen Abschluss. Sie wird zur Stabilisierung mit schweren Mauersteinen, einem Mauerdeckel oder einer Abdeckplatte geschlossen. Damit die Mauerkrone stabil bleibt, dürfen zwischen den einzelnen Steinen keine Keile eingefügt werden. Bei einer Sitzmauer verwenden wir einen Mauerdeckel als Abschluss. Das sind massive, stabile Platten von ca. 10 cm Dicke und 80 bis 100 cm Länge, die einer intensiven Nutzung standhalten.

Für die Ausgestaltung der Mauerkrone gibt es verschiedene Möglichkeiten. Die Bepflanzung ist besonders attraktiv, weil sich hier Pflanzen ansiedeln lassen, die einen trockenen und nährstoffarmen Standort bevorzugen wie Feld-Thymian, Tripmadam, Mauerpfeffer. Aber auch Bohnenkraut, Gewürz-Thymian oder Lavendel lieben solche Standorte.

Treppenstufen – elegant in die Trockenmauer integriert
Stufen, die in Verbindung mit einer Trockenmauer stehen, werden zusammen mit der Mauer aufgebaut. Dieses Zusammenfügen erhöht die Stabilität beider Bauwerke und schafft ästhetisch ansprechende Gartensituationen. Blockstufen aus Naturstein oder Beton, Tritte aus einzelnen Platten und Mauersteine, die zu Stufen zusammengefügt werden, sind allesamt in Kies versetzt. Einzig Stufen aus Stellplatten benötigen an den jeweiligen Enden einen Betonklecks, damit sie halten (siehe Seite 169).

Die Wahl der Stufenart ergibt sich aus der Nutzungsintensität einer Treppe. Stark begangene Treppenstufen – in der Regel sind es Stufen, die auf Hauptwegen liegen – werden als Block- oder Plattenstufen ausgeführt. Auch Stellplatten eignen sich für häufig begangene Treppen. Stufen, die aus einzelnen Mauersteinen zusammengesetzt werden, sowie Spaltholztreppen werden eher auf Nebenwegen im Garten eingefügt.

Eine spezielle Form von Treppen wird – analog den Treppen zu den Rustici im Tessin – als einzelne Platten, ohne Untermauerung seitlich in die Trockenmauern eingefügt. Diese sogenannten Tessiner Treppen sind anspruchsvoll im Bau und sollten nur von versierten Fachleuten ausgeführt werden. Außerdem eignen sich bei Weitem nicht alle Natursteine für den Bau solcher Treppen.

Ohne Beton geht gar nichts!

Das zumindest wollen uns sogenannte Fachleute verklickern. Bei genauem Hinschauen entpuppen sich diese Hoch-, Tief- und Gartenbauer nicht selten als unkundig. Wenn vorne Natursteine aufgeschichtet, anstelle einer Hintermauerung jedoch mit Beton gefüllt wird, ist dies keine Trockenmauer und hat keinerlei Funktion als Lebensraum für Pflanzen und Tiere. Es lohnt sich, genau zu klären, ob es sich bei der Fachperson, die diesen Spruch auf den Lippen hat, wirklich um eine versierte Person handelt. Lassen Sie sich Trockenmauern, die mehr als zehn Jahre auf dem Buckel haben, zeigen und prüfen Sie vor Ort, ob es sich um eine echte Trockenmauer handelt oder um eine Attrappe, die mit Beton hinterfüllt wurde.

Um dies zu prüfen, muss man keine speziellen Fachkenntnisse besitzen. Sie brauchen dazu eine dünne, stabile Eisenstange, die mindestens 60 cm lang ist. Diese Lanze stoßen Sie an mehreren Orten zwischen den Steinen in die Mauerfugen. Wenn Sie an acht von zehn Stellen nach spätestens 30 cm nicht mehr weiterkommen, können Sie davon ausgehen, dass es sich nicht um eine echte Trockenmauer handelt. Man kann auch mit einer Taschenlampe, heute gibt es bei jedem Handy eine solche Funktion, in die Fugen hineinleuchten und feststellen, ob hinter dem Naturstein Beton hinterfüllt wurde.

Der Bau von echten Trockenmauern wird selbst in der heutigen Zeit nur von einigen, spezialisierten Firmen beherrscht. Selbst im Tessin oder bei unseren südlichen Nachbarn in Italien sind nur noch wenige Spezialisten anzutreffen, die in dieser alten Handwerkskunst bewandert sind.

Auf den ersten Blick eine einfache Bauweise; das saubere Ineinanderfügen der unförmigen Steine ist allerdings nicht zu unterschätzen.

Mauerarten und Treppenvarianten

Trockenmauern aus Lesesteinen

Ein Grundprinzip der Lesesteinmauer ist, dass mit dem vor Ort vorhandenen Material gearbeitet wird. Bei einem Neu- oder Umbau ist das kaum möglich, weshalb diese Art Mauer in Gärten eher selten ist. Eine abgewandelte Form dieser Mauerart ist der Lesesteinhaufen. Aus vorhandenen runden und eckigen Steinen oder aus Recyclingmaterial wird ein Haufen – es kann auch ein Kubus oder eine andere Form sein – lose geschichtet. Die Hohlräume dürfen auf keinen Fall mit Kies aufgefüllt werden, damit sie Tieren als Unterschlupf dienen. Der Steinhaufen kann mit typischen Trockenmauerstauden bepflanzt werden. Allerdings sollte die der Sonne zugewandte Seite möglichst vegetationsfrei bleiben, damit er als Lebensraum für wärmeliebende Tierarten funktioniert. Lesesteinhaufen sind übrigens auch eine Möglichkeit, einen Standort im Garten zu schaffen, der einer Trockenmauer ähnelt, wenn man für eine Mauer keinen Platz oder keinen Bedarf hat.

Treppenstufen aus Natursteinblocktritten werden seitlich in die Trockenmauer eingefügt. Dadurch wird das ganze Bauwerk stabiler und ansprechender.

Mit dem Schroppenmaterial lassen sich auch geschwungene Mauern bauen.

Zyklopen- oder Schroppenmauerwerk

Für diese Mauern werden zyklopische Steine verwendet. Darunter versteht man Steine mit wildförmigen, unregelmäßigen Sichtflächen. Teilweise fallen solche Steine im Steinbruch als Ausschuss an. Schroppenmauern lassen sich aus verschiedenen Natursteinen herstellen. Die Steine werden beim Zusammenfügen kaum oder gar nicht bearbeitet, was ein hohes Maß an Erfahrung im Umgang mit Naturstein erfordert. Für die Querverankerungen werden große Zyklopen ausgesucht oder einige genügend lange Mauersteine mit eingebaut. Schroppen- oder Zyklopenmauern können bis zu einer Höhe von 1,5 m gebaut werden. Zahlreiche, teils große Fugen machen die Mauern zu wertvollen Lebensräumen für Tiere und Pflanzen.

Schroppenmauern sind in ihrer Erscheinung sehr rau und wild und eignen sich aus gestalterischer Sicht nur für bestimmte Situationen im Garten. Überall dort, wo keine architektonischen Formen zu berücksichtigen sind, wo es archaisch wirken kann, kommen Zyklopenmauern zum Einsatz. Sitzmauern oder freistehende Wände sollten nicht aus diesem Material gebaut werden. Zum einen ist der Aufwand handwerklich sehr hoch, zum anderen sind Sitzmauern und Wände prägende Gestaltungselemente mit klaren Strukturen, zu denen die wilde Form nicht passt.

Wechselmauerwerk ist das am häufigsten in Gärten gebaute Trockenmauerprinzip. Das Mauerbild ist gleichzeitig schön und sehr stabil.

Lagermauerwerk
Bei dieser Gestaltungsvariante werden Steine mit vorbestimmten Dicken bestellt oder die Steine werden, wenn dies nicht angeboten wird, vor Ort aussortiert. In einer durchgehenden Lage wird immer die gleiche Steindicke eingebaut. Die Lagenstärken dürfen ruhig wechseln, sollten aber im unteren Bereich dicker sein als im oberen. Das sieht nicht nur besser aus, sondern ist auch stabiler. Lagermauerwerke sind relativ einfach zu bauen, auch ungeübte Steinarbeiter beherrschen dies schnell. Solche Mauern können bis zu einer Höhe von etwa 2 m gebaut werden. Höhere Mauern sind in dieser Bauweise zu wenig stabil.

Wechselmauerwerk
In der Naturgartengestaltung ist dies vermutlich die häufigste Mauerform. Wechselmauerwerke sind schön gebaut und gleichzeitig sehr widerstandsfähig. In dieser Bauart kann eine Trockenmauer 10 m und höher geschichtet werden. Allerdings erfordert der Bau eines ansprechenden und soliden Wechselmauerwerks einiges an Wissen und Erfahrung. Vor allem Mauern über 1,5 m sollten Laien nicht ohne fachlichen Beistand anfertigen. Als Ausgangsmaterial dienen sogenannte Mauersteine, die man vorgehauen in einem Steinbruch beziehen kann. In der Regel werden unterschiedliche Steindicken angeboten. Um ein wirklich ansprechendes Mauerbild zu schaffen, müssen die Steine sowohl in den Lagen wie auch an den Stößen bearbeitet werden.

Wechselmauerwerke bieten eine Vielzahl von Gestaltungsmöglichkeiten. So können höhere und größere Mauern an der Basis mit großen Steinblöcken beginnen und nach oben immer feiner werden. Eine ganz andere Gesamtwirkung erzielt man mit sehr langen Steinen. Wechselmauerwerk gibt dem Gartengestalter die Möglichkeit, eine Mauer zu schaffen, die spezifisch an Ort und Architektur angepasst ist.

Recyclingmauern

Trockenmauern werden nicht zwingend aus Naturstein hergestellt. Nach dem gleichen Bauprinzip können auch andere Steine verarbeitet werden. Eine originelle und sehr nachhaltige Möglichkeit ist der Bau von Mauern aus gebrauchtem Material, Ausschuss und Restposten. Dabei kommen alte Gartenplatten aus Waschbeton oder eingefärbte Betonplatten aus den 1960er-Jahren zu neuem Glanz. Grundsätzlich können alle gängigen Natur- und Kunststeinarten, ebenso Betonrohre oder Bohrkerne, Klinker und frostfeste Backsteine in die Mauern eingebaut werden. Wem es nichts ausmacht, besorgt sich alte Grabsteine oder holt auf einem Abbruch alte Fensterbänke und Türrahmen aus Stein und baut diese in seine Mauer ein. Recyclingmauern sind in jedem Fall einzigartig, weil man immer anderes Ausgangsmaterial hat. Allerdings benötigt man viel Fantasie, Geschick in der Steinbearbeitung und Erfahrung, um Mauern zu bauen, die unvergleichliche Mauerbilder zeigen – und gleichzeitig stabil sind.

Aus Recyclingmaterial lassen sich problemlos auch freistehende Mauern oder Sitzmauern gestalten.

Recyclingmauern werden aus Material erstellt, welches üblicherweise auf der Deponie oder im Betonbrecher landet. Diese Mauervariante bietet die Möglichkeit, Material aus dem Rückbau oder Ausschuss- und Restmaterial sinnvoll wieder zu verwenden.

Jede Mauer sieht anders aus: Je nach Material entstehen völlig individuelle Mauerbilder, wie man sie nur in diesem Garten finden kann.

Blockstufentreppen

Blockstufen gibt es im Handel in verschiedenen Größen, sowohl aus Naturstein als auch aus Beton. Blocktreppen sind robust und funktional. Außerdem sind sie relativ einfach zu bauen, indem man die einzelnen Stufen aufeinanderlegt und mit Kies hinterfüllt. Die Blocktritte werden direkt auf die Kiesfundation gesetzt. Hilfreich ist eine dünne Splittlage, die genau auf die richtige Höhe ausplaniert werden kann. Diese Treppen werden überall dort eingesetzt, wo eine intensive Nutzung zu erwarten ist. Sie sind einfach zu reinigen und vom Schnee zu befreien.

Sowohl aus Naturstein als auch aus Recyclingmaterial lassen sich Treppenläufe mit Blockstufen bauen.

Blockstufentreppen sind ideal für Hauptwege und Wegverbindungen, die häufig genutzt werden. Solche Treppen sind einfach zu reinigen und lassen sich im Winter problemlos räumen.

Plattenstufen

Im Naturgarten werden Plattenstufen In der Regel aus Naturstein gebaut. Grundsätzlich geht es aber auch mit Betonmaterial. Die Stufen bestehen aus einer Platte, die als Trittfläche dient. Um die richtige Höhe zu erreichen, wird sie mit Steinen unterlegt. Plattenstufen haben den Vorteil, dass sie in der Höhe den jeweiligen Gegebenheiten zentimetergenau angepasst werden können. Sie wirken durch ihre Bauart feiner, filigraner und edler als Blockstufen. Der Aufwand für den Bau einer Plattenstufe ist wesentlich höher und anspruchsvoller als bei Blockstufen. Wohl aus diesem Grund werden Plattenstufen seltener gebaut, was sehr schade ist.

Plattenstufen werden bei normaler Beanspruchung auf die Kiesfundation gesetzt und insgesamt in Trockenbauweise gefertigt. Bei sehr hoher Beanspruchung können ein Betonfundament und eine Vermörtelung zwischen dem Auflagegestein und der Platte notwendig werden. Im Garten können Plattenstufen überall eingesetzt werden. Sie sind stabil und halten auch größere Beanspruchung problemlos aus. Wie Blockstufen sind sie einfach zu reinigen.

Plattenstufen eignen sich wie Blockstufen für oft genutzte Wegverbindungen. Sie wirken durch ihre Bauart leichter als Blockstufen.

Mauersteinstufen

Sie werden aus einzelnen Mauersteinen zusammengefügt, die eine Mindesthöhe von 20 cm aufweisen müssen, damit sie beim Bau leicht eingesenkt werden können. Die Mauersteine werden auf ein Kiesfundament gesetzt, der Bereich von der Hinterkante bis zur Vorderkante der nächsten Stufe wird ebenfalls mit Kies ausgefüllt. Diese Kiesstreifen können mit Polsterthymian oder anderen Polsterpflanzen bepflanzt werden. Mauersteinstufen eignen sich für Nebenwege im Garten, die sporadisch begangen werden. Sollten sich einzelne Steine über die Jahre verschieben, können diese einfach von Hand nachgerichtet werden. Mauersteinstufen können aus allen gängigen Natursteinen gebaut werden, sofern einigermaßen flache Steine erhältlich sind.

Bei dieser Treppenart werden Mauersteine als eigentliche Tritte verlegt. Die Auftrittfläche kann mit Kies gefüllt oder wie hier mit kleineren Steinen ausgepflastert werden.

Anstelle von Mauersteinen wurden hier Flusssteine verwendet.

Treppen aus Stellplattenstufen können an den Randbereichen bepflanzt werden und verschmelzen so bald mit dem Garten.

Stellplattenstufen

Stellplatten sind sowohl in Beton wie auch in verschiedenen Natursteinen erhältlich. Mit einer Stellplatte erhält die Stufe eine stabile Kante, während die eigentliche Trittfläche mit lockerem Material wie Kies aufgefüllt wird. Seit einigen Jahren werden solche Treppen auch aus rostendem Stahl erstellt. Wichtig dabei ist, dass der Stahl oben abgekantet wird, damit die Sohlen von feinen Schuhen nicht kaputt gehen. Weit verbreitet sind Granitstellsteine aus Tessiner Granit, wie sie auch im Straßenbau früher häufig verwendet wurden. Der Treppenlauf wird mit einer Kiesfundation unterlegt. Die einzelnen Stellplatten werden mit wenig Beton jeweils an den Enden auf diese Kiesfundation gesetzt. Der Einsatz von Beton ist nötig, weil die Stufen sonst nach vorne kippen würden.

Der Zwischenraum bis zur nächsten Stellplatte kann unterschiedlich aufgefüllt werden. Am einfachsten ist eine Füllung aus Straßenkies, die mit Rundkies abgestreut wird. Möglich sind auch Inhalte aus Pflastersteinen oder Klinker. Treppen in waldartigen, schattigen Bereichen können auch mit Rindenschnitzel verfüllt werden. Stellstufentreppen können grundsätzlich überall im Garten eingesetzt werden. Durch ihre Bauart wirken sie je nach Oberfläche rustikal oder feiner.

Diese nach Süden ausgerichtete «Dufttreppe» wurde in den Kiesflächen mit verschiedenen Kräutern bepflanzt. An einem warmen Sommertag verströmen die Kräuter ihren wunderbaren Duft.

Stufen aus Recyclingmaterial

Analog den Trockenmauern lassen sich Treppen auch aus Recyclingmaterial bauen. Es kommen vor allem Steinplatten oder alte Blockstufen zur Verwendung. Je nach Belastung werden die Treppen als Blockstufen- oder Mauersteinstufen gebaut. Verlegt werden die Steine direkt auf die Kiesfundation. In Verbindung mit einer Recyclingmauer bietet sich der Bau einer Treppe aus gebrauchtem Material an.

Stufen aus Holzmaterial

Zur Auswahl stehen Spaltholzstücke oder Rund- und Kantholzstufen. Für eine ganz einfache Stiege werden die Holzstücke ohne Fundation direkt in die Erde gesetzt. Für dauerhafte Lösungen ist auch hier eine Fundationsschicht von 10 bis 20 cm sinnvoll. Die Hölzer werden mit der Wasserwaage verlegt und ausgerichtet. Vorne werden pro Tritt jeweils zwei Rundeisenstangen in den Boden getrieben, um den Holztritt zu verankern. Die Stufen werden danach mit Kies- oder Rindenmaterial aufgefüllt. Je nach Holzart halten die Stufen etwa 6 bis 10 Jahre. Sind sie durchgefault, wird das Holz entfernt und einfach ein neues Holzstück hinter die vorhandenen Eisen gelegt. Diese Bauart eignet sich vor allem für Nebenwege oder als Übergangslösung, bis eine aufwändigere Treppe gebaut werden kann.

Stufen oder Mauern aus Holzmaterial eignen sich für Gartenpfade oder Wege und Orte, die selten benutzt werden. Trockenmauern aus Spaltholz können – zum Beispiel mit Farnen bepflanzt – wunderschöne Elemente in schattigen Gartenpartien ergeben.

In diese Mauer werden zwei Nischen eingebaut. In der einen Nische wird eine Feuerstelle installiert, die zweite Nische dient als Holzlager.

Mauergestaltung – Nischen und andere Einbauten

Beim Bau einer Mauer sind der Fantasie keine Grenzen gesetzt. Mauernischen zum Aufstellen von Nippes, Kerzen und Heiligenbildern machen die Mauer zu einem Gartenelement mit besonderem Charme. Auch Sitzmöglichkeiten in Form von Bänken oder vorstehenden Platten sind beliebte Ergänzungen in Trockenmauern. Durch die individuelle Bauweise lassen sich fast alle Wünsche realisieren. Auch eine eingebaute Feuerstelle hat ihren besonderen Reiz. Daneben gibt es Nischen für Brennholz oder eine vorstehende Steinplatte als Ablage für Grillgut und Zubehör. In Mauerabdeckungen lassen sich Vogelbäder integrieren und auf einzelnen, vorspringenden Steinen können wir kleine Windlichter aufstellen. Auch funktionale Elemente wie Steckdosen, Pfosten für Absperrungen oder Hülsen für temporäre Aufbauten lassen sich in Trockenmauern einbauen.

Aus den eingebauten Rohren fließt Regenwasser in den Teich. Sie sind hinter der Mauer mit dem Fallrohr des Daches verbunden.

Lebensraum für Tiere

Wie bereits erwähnt, ist eine Trockenmauer auch Lebensraum für verschiedene Tiere. Mit gezielten Maßnahmen können wir Möglichkeiten schaffen, damit sich besondere Tierarten in unserer Mauer ansiedeln. Wer auf seinem Grundstück zum Beispiel ein Feuchtbiotop hat, in dem Amphibien leben, kann in der Mauer Winterquartiere für diese Tiere anlegen. Dazu werden an einzelnen Stellen an der Basis der Mauer größere Fugen belassen. Der Raum hinter der Öffnung wird als Hohlraum ausgestaltet. Dazu werden einfach Mauersteine um einen bestimmten Bereich kreisförmig oder eckig angeordnet und mit langen Steinen oder einer Steinplatte überdeckt. Nach hinten sollte dieser Hohlraum Erdanschluss haben.

Für Mörtelbienen können wir einzelne Fugen mit geeignetem Lehmmaterial ausstreichen. Brutplätze für Wildbienen entstehen, indem wir Tonröhren in die Mauer integrieren und diese später mit geeignetem Material auffüllen, beispielsweise mit Schilfabschnitt oder Bambusrohren. Die Mauerfugen, den Mauerfuß und die Krone können wir mit einheimischen Stauden bepflanzen, die als Nahrungsgrundlage für Schmetterlinge und andere Insekten dienen.

Mit einer standortgerechten einheimischen Bepflanzung wird die Trockenmauer zum Lebensraum für viele Tierarten.

Werkzeuge von links nach rechts: Richtwinkel aus Metall, Gummihammer, Fäustel (ungehärtet), Setzer (gehärtet, in drei verschiedenen Größen), Flacheisen, Spitzeisen, Zahneisen, Doppelmeter, Pflasterkelle, Maurerschnur (elastisch), Pflasterhammer (in der Mitte unten)

Spezialwerkzeug für die Steinbearbeitung

Natursteine und Recyclingmaterialien werden gespalten und abgelängt. Oberflächen müssen verfeinert und bearbeitet werden, damit sich die Steine aneinanderfügen lassen. Für diese Arbeiten benötigt man einiges an Spezialwerkzeug. Zum Spalten größerer Steine und zum Beschlagen großer, zyklopischer Steinbrocken dient der Steinschlegel. Mit diesem in verschiedenen Gewichten erhältlichen großen Hammer kann auch die Hinterfüllung an schmalen Stellen verdichtet werden. Der Handfäustel, ein kleiner Hammer, dient als Schlagwerkzeug zum Antreiben von Setzer, Spitz- und Flacheisen. Fäustel sollten in jedem Fall ungehärtet sein, damit das Material weicher als das Werkzeug ist, welches angetrieben wird. Im Vergleich zu einem Setzer kostet ein Fäustel nur einen Bruchteil. Kleinere Steine können auch direkt mit dem Fäustel bearbeitet werden. Für eine Schroppenmauer wird man fast ausschließlich mit diesen beiden Werkzeugen auskommen. Ein Zweibahnenhammer eignet sich zum Abschlagen von Gneis- oder Quarzitplatten.

Das Hauptwerkzeug für die Arbeit am Stein ist der Setzer. Mit ihm werden Steine angestemmt, getrennt, abgelängt und besäumt. Er wird je nach Art des Gesteins in verschiedenen Härten und Größen gebraucht. Für hartes Gesteinsmaterial wie Granit und Quarzit gibt es spezielle Setzer mit Hartmetalleinsätzen.

Mit dem Spitzeisen können unebene Lager am Stein bearbeitet werden. Spitzeisen werden immer im spitzen Winkel angesetzt und geführt. Geschlagen wird gleichmäßig in einer Richtung. Flacheisen oder Flachmeißel dienen zur Verfeinerung der Kanten und Lager. Mit dem Zahneisen werden ebenfalls die Lager nachgebessert, bei Sandstein nutzt man es, um die Mauersteine der Länge nach aufzuspalten. Spitzeisen und Spezialmeißel werden nur für sehr feine Mauern mit hohem Anspruch an das Mauerbild und die Mauerkanten benötigt.

Zum Richten der Mauersteine ist ein Stahlwinkel erforderlich, mit dem die Steine korrekt angezeichnet werden, um sie anschließend mit dem Setzer zu bearbeiten. Zur Konstruktion eines Wechselmauerwerks ist eine Wasserwaage erforderlich. Auch wenn nicht jeder Stein nach dem Wasser ausgerichtet werden muss, kontrolliert man damit ab und zu die Lage der Steine. Unerlässlich ist die Maurerschnur, die dehnfähig sein muss, damit sie straff gespannt werden kann. Mit der Maurerkelle oder Pflasterkelle, wie sie in der Schweiz heißt, wird das Kiesfundament planiert und das Hinterfüllungsmaterial gleichmäßig verteilt. Zum Verdichten der Hinterfüllung wird ein Handstampfer und bei größeren Projekten ein Grabenstampfer eingesetzt.

Gartenhaus, Laube & Co. – geschützte Orte im Garten

Zu wissen, wie man etwas macht,
ist nicht schwer.
Schwer ist nur, es zu tun.

Sprichwort aus Asien

Ein schützendes Dach über dem Kopf

Bereits im Garten des Amun-Tempels in Theben waren Gartenlauben und Pergolen als lauschige Plätze gestaltet. Im chinesischen Garten finden sich verschiedene Pavillons und kleine Tempel, im japanischen Garten das klassische Teehaus und in der Renaissance gliederten Laubengänge, Grotten oder Lusthäuschen die Gärten. Immer oblag die Gestaltung dieser Gartengebäude dem Gartenarchitekten, der mit dem Gefühl für das Gelände und den richtigen Standort auf dem Grundstück diese Elemente platzierte und gestaltete. Nichts liegt also näher, als diese Aufgabe dem Gartengestalter zu überlassen. Heute sind es neben Lauben und Gartenpavillons auch Anbauten am Gebäude oder Carports, die Teil einer Gartengestaltung sind und in die Verantwortung des Gartenarchitekten gehören.

Metallkonstruktionen sind sehr witterungsbeständig und langlebig.

Es handelt sich bei Nebengebäuden im Garten einerseits um funktionale Elemente wie Auto- oder Veloabstellmöglichkeiten oder kleine Gebäude für Geräte- und Warenlager. Andererseits sind es gestalterische Elemente, um Orte zu schaffen, an denen sich die Gartenbesitzer, vor Sonne und unerwünschten Einblicken geschützt, aufhalten können. Die Gartenflächen werden immer kleiner und die räumliche Gestaltung immer dringender. Wohnlauben und andere Gartenelemente helfen, gerade bei kleinen Flächen interessante Räume mit spannenden Perspektiven und Ausblicken zu schaffen. Die heutigen Materialien bieten dem Gestalter unzählige Möglichkeiten aus Stahl oder Holz, ansehnliche und der Nutzung entsprechende Gartengebäude zu gestalten.

Pergola, Laube, Gartenhaus – Ideen für lauschige Orte

Pergola – Sommersitzplatz im Grünen

Die klassische Pergola ist ein Gerüst, welches aus Stützpfosten besteht, auf diesen liegen die Träger, die in der Längs- oder Querrichtung miteinander verbunden sind. Das Ganze wird mit Kletterpflanzen überwachsen. Im Tessin wurden solche Pergolen aus regionalen Materialien gebaut: Die Stützen aus Granit, die Dachkonstruktion aus Kastanienholz. Das Gerüst wurde berankt mit essbaren Trauben. Auch heute existieren in vielen Tessiner Grottos solche bewachsenen Gerüste.

Bewachsene Pergolen können aus Stahl, Holz oder Stein gebaut werden. Die offene Dachfläche wird mit Kletterpflanzen berankt, so entwickelt sich mit den Jahren ein wunderbar geschützter Platz für den Hochsommer. Durch die Blätter der Pflanzen ist das Mikroklima in einer solchen grünen Halle besonders angenehm, auch bei Temperaturen über 30 Grad. Eine weitere Möglichkeit besteht darin, einen Teil oder das ganze Dach regendicht einzudecken. Dafür eignet sich Glas oder Stahlblech, es geht auch mit Dachziegeln oder Faserzementplatten. Unter einer solchen Pergola wird es im Sommer allerdings trotzdem sehr heiß, weil sich die Wärme anstaut. Insbesondere bei Glasabdeckungen muss die Fläche mit einer Beschattung ausgerüstet sein. Der Vorteil der gedeckten Pergola liegt darin, dass man trotz Regen draußen sitzen kann und die Gartenmöbel und anderes Mobiliar trocken bleiben.

Eine bewachsene Pergola bietet im Sommer wunderbaren Schatten unter dem Blätterdach.

Einmal überwachsen, bietet die Pergola angenehmen Schatten neben dem Badeteich.

Klassische Pergola – Holzkonstruktion aus Rundholz, bewachsen mit Kletterpflanzen.

Moderne Pergola aus Stahlprofilen. Die Beschattung erfolgt durch Tücher, die an verschiedenen Orten eingehängt werden können.

Moderne Pergola aus Metall. Diese Konstruktionsart lässt filigrane Gestaltungsmöglichkeiten zu.

Beschattung für einen Kinderspielbereich – eine einfache Metallkonstruktion bewachsen mit einer rasch wachsenden Kletterpflanze wie Blauregen *(Wisteria sinensis)*.

Das eingelegte Bambusgerüst sorgt dafür, dass die Pflanzen auf dem Dach liegen und nicht zwischen den Rundhölzern herunterhängen.

Als Bodenbelag bietet sich bei offenen, bewachsenen Pergolen Kies als schöne und günstige Variante an. Der eingedeckte Teil sollte in jedem Fall mit einem Bodenbelag aus Naturstein- oder Betonplatten oder einem individuellen Muster aus Recyclingmaterialien ausgeführt werden. Wo kein Regen hinkommt, ist Kiesbelag ungeeignet.

Gartenlauben sind Orte im Freien, die bei ungünstiger Witterung Schutz bieten.

Glasdächer haben den Vorteil, dass viel Licht einfallen kann. Die Stützpfosten können trotzdem mit Kletterpflanzen bewachsen werden.

Gartenlaube – geschützter Ort für entspannte Stunden

Gartenlauben oder Gartenpavillons sind eingedeckte Gartenhäuser mit einzelnen Seitenwänden als Sonnen- oder Windschutz. Aus Holz und Metall lassen sich individuelle romantische oder moderne Lauben gestalten. Eine Auswahl von Gartenhäusern wird in Baumärkten zum Kauf angeboten. Hier ist besonders bei Billigprodukten Vorsicht geboten, weil es sich um Konstruktionen handelt, die der Witterung nur bedingt standhalten. Über Geschmack lässt sich bekanntlich streiten: Nicht alles, was auf dem Markt oder im Internet angeboten wird, entspricht dem Verständnis von Schönheit und Harmonie. Als Bodenbelag in einer Laube ist eine Pflasterung oder ein Plattenbelag angesagt. Kiesbeläge sind wegen der Überdeckung nicht geeignet, wenn man Staubentwicklung und Katzenklo vermeiden will.

Je nach Konstruktionsart muss eine Gartenlaube auf Fundamente gestellt werden. In der Regel genügen einfache Punktfundamente in den Bereichen der tragenden Stützen. Betonfundamente sollten auf jeden Fall frostsicher erstellt werden, das heißt, sie werden mindestens 80 cm tief in den Boden versenkt. Am einfachsten lassen sich Einzelfundamente aus Betonrohren konstruieren, die im Boden eingelassen und mit Beton aufgefüllt werden. Je nach Bodenbeschaffenheit wird das Rohr außen ebenfalls mit Beton ummantelt. In schweren, lehmigen Böden ist dies in der Regel überflüssig.

Auch moderne architektonische Elemente lassen sich gut in Naturgärten integrieren.

Gartenpavillon mit einem Rankgerüst an der Fassade. Mit der Zeit soll das Gebäude mit Kletterpflanzen eingewachsen sein und sich so in den Garten einfügen.

Aus Weidenästen lassen sich fantasievolle «Gebäude» gestalten. Die Weidenbündel werden in den Boden eingegraben, damit sie Fuß fassen und wachsen können.

Gartenpavillon – das Wohnzimmer im Garten

Als Gartenpavillon bezeichnet man Gartenhäuser, die ein Dach und vier oder mehr Wände haben und sich komplett schließen lassen. So bieten sie auch bei schlechtem Wetter die Möglichkeit, im Garten zu sein. Auf Wunsch können sie mit Küche und Feuerstelle eingerichtet werden. So entstehen Gartensitzplätze, die man auch in der Übergangszeit oder, wenn sie mit einer Feuerstelle ausgestattet sind, sogar im Winter benutzen kann. Gegenüber einem Wintergarten haben sie den Vorteil, dass sie frei im Garten stehen und noch mehr das Gefühl vermitteln, draußen zu sitzen. Außerdem können wir mit einer geschickten Platzwahl neue Perspektiven für Ein- und Aussichten im Garten eröffnen. Die Gestaltungsmöglichkeiten lassen viel Spielraum – vom einfachen Gartenhaus bis zum Luxuspavillon mit isolierten Wänden und Fenstern ist jede Form denkbar.

Je nach Bauart sind frostsichere Fundamente und eine isolierte Bodenplatte notwendig. Einfache Pavillons stehen auf Einzelfundamenten oder direkt auf dem Bodenbelag. Elektro- und Wasseranschlüsse müssen sorgfältig geplant und ausgeführt werden. Regenwasser vom Dach kann in einer Regentonne oder in einem Wassertank aufgefangen und für den Garten genutzt werden. Bei Einbau von Feuerstellen oder einem Pizzaofen sind die Feuerschutzbestimmungen einzuhalten.

Hier ist das Metallgerüst eine Stützkonstruktion, die gleichzeitig hilft, die Pflanzen in die richtige Form zu ziehen.

Pavillons und Lauben aus Pflanzen

Hierbei handelt es sich vermutlich um die einfachste und älteste Art, sich ein «Haus» zu bauen, oder besser gesagt, wachsen zu lassen. Bereits ein Hochstammbaum, der zu einem Schirm gezogen ist, kann als Pergola gesehen werden. Allerdings gibt es kühnere Bauwerke aus lebenden Pflanzen: Weidenhäuser, Laubengänge aus geschnittenen Hainbuchen, Tanzlinden oder Gartenpavillons aus Hecken und Bäumen. Wer genügend Geduld und Zeit mitbringt, kann sich seine Gartenlaube über Jahre wachsen lassen.

Am schnellsten geht es mit Weidenarten. Diese Pflanzen wachsen schnell und schon nach wenigen Jahren ist die Laube oder der Spieltunnel fertig. Allerdings ist der Aufwand für den Schnitt und das Flechten der Weiden nicht ganz unerheblich. Die Weide ist ein Lichtgehölz und wächst ausschließlich an sonnigen Standorten. Aus diesem Grund ist es wichtig, die neuen Triebe sofort zu formieren oder zu schneiden, damit die alten Äste nicht beschattet werden. Partien, die über längere Zeit im Schatten stehen, sterben ab und lassen Lücken im Pavillon zurück, die sich nur schwer wieder schließen lassen. Dieser Umstand führt leider oft dazu, dass Weidenhäuser nach kurzer Zeit wieder abgebrochen beziehungsweise abgesägt werden.

Aus Hain- oder Rotbuchen oder aus Feldahorn lassen sich ebenfalls individuelle Gartenhäuser oder Laubengänge fertigen. Auch hier ist es wichtig, dass die Bäume und Sträucher regelmäßig geschnitten und gezogen werden. Das Mikroklima in einer solchen Naturlaube ähnelt dem eines wunderbar kühlen Waldes. In einem heißen Sommer gibt es nichts Schöneres, als unter einem Baum oder einem mit Pflanzen bewachsenen Dach zu sitzen. Um die Sträucher und Bäume in Form zu bringen, hilft eine einfache Konstruktion aus Stahl, an der die Ruten gezogen werden können.

Ein wichtiges Argument spricht für den «Bau» einer solchen Pflanzenlaube: Man benötigt dafür üblicherweise keine Baugenehmigung und muss einzig die Grenzabstandsbestimmungen für Bäume und Sträucher einhalten.

Pflanzenhäuser und Laubengänge müssen jedes Jahr geschnitten werden, damit sie nicht aus der Form geraten. Mit dem Schnitt wird auch vermieden, dass die unteren Astpartien beschattet sind und auskahlen.

Carport und Schuppen – Schutz vor Wind und Wetter

Carport und Fahrradunterstand

Als Carport wird ein gedeckter Autoabstellplatz bezeichnet. Es können auch einzelne Wände gegen ungünstige Witterungseinflüsse verbaut werden. Im Gegensatz zu einer Garage kommt dieser Unterstand jedoch immer ohne Fronttür aus. Solche Bauten eignen sich ideal auch als Stauraum für andere Fahrzeuge und verschiedene Gerätschaften, was bei der Planung auf jeden Fall berücksichtigt werden muss. Die Abmessungen (Länge × Breite) sollten großzügig bemessen sein, damit man im Carport die Fahrzeugtüren öffnen und bequem Ein- und Aussteigen kann. Für einen PKW rechnet man mit einer Mindestlänge von 5,50 m und einer Breite von 2,50 m. In diesem Maß ist kein Stauraum enthalten. Unterstände für Autos, Fahrräder und Mopeds oder Motorräder können idealerweise kombiniert werden. Fahrräder lassen sich auf verschiedene Art und Weise einstellen, was bei der Berechnung des Platzbedarfs bedacht werden sollte. Am wenigstens Raum benötigt ein Fahrrad, welches senkrecht aufgehängt wird.

Unterstände für Fahrzeuge funktionieren sowohl als Holz- oder Metallkonstruktionen. Es sind auch Kombinationen denkbar; Stützen und tragende Streben sind aus Metall, die Deckenkonstruktion und Wände aus Holz. Wird der Carport mit einem Flachdach versehen, sollte die Fläche extensiv begrünt werden. Dachbegrünungen sind wertvolle Lebensräume für spezialisiert Pflanzen- und Tierarten. Außerdem ist die Dachabdichtung durch die Begrünung besser geschützt, weil die Temperaturunterschiede gering sind. Regenwasser wird von den Pflanzenwurzeln aufgenommen oder verdunstet auf der Dachfläche und kommt so in den natürlichen Kreislauf zurück, ohne den Umweg über die Kanalisation zu fließen.

Eine Kombination aus Fahrradunterstand und Gartenschopf. Die Holzkonstruktion mit Flachdach ist an den Wänden mit Kletterpflanzen bepflanzt.

Die einfachste Art, einen Carport zu bauen: ein begrüntes Flachdach auf Metallpfosten abgestützt.

Gerätehaus oder Gartenschopf

Wer einen Garten hat, besitzt zwangsläufig Werkzeug, Töpfe, Schnüre, Erde und viele andere kleine und große Utensilien für die Gartenpflege. Wohin mit dem ganzen sperrigen Material? Hier kommt der Geräteschuppen ins Spiel, mit Regalen und Vorrichtungen, um die Werkzeuge aufzuhängen, und vor allem mit einer Tür, die man einfach zusperren kann – aus den Augen aus dem Sinn. Ein Gartenhaus oder ein Schopf, wie man sie in der Schweiz liebevoll nennt, gehört in jeden Garten. Die Größe hängt nicht in erster Linie vom Garten selber ab, sondern vielmehr vom persönlichen Bedarf an Platz. So wird eine leidenschaftliche Gärtnerin zwangsläufig mehr Stauraum für Schalen, Töpfe, Etiketten, Scheren, Handschuhe, Stiefel und Gartenschürze benötigen als ein Feierabendgärtner.

Ein Gartenhaus für Gartenutensilien sollte auf jeden Fall gut überlegt sein. Damit ist nicht nur das Design gemeint, sondern vor allem der funktionale Aspekt. Was will man alles in diesem Schuppen aufbewahren? Nur das Werkzeug oder sollen im Winter auch Gartenmöbel, Kissen, Kinderspielzeug und anderes dort gelagert werden? Wer ein solches Refugium besitzt, weiß: Es gibt nie genügend Stauraum. Also planen wir unseren Gartenschopf am Anfang lieber etwas großzügiger.

Im Handel sind unzählige fertige Gartenhäuser in allen Preisklassen erhältlich. Dabei sollte man sich aber die Qualität der Häuser genau ansehen. In der Vegetationszeit wird dieses Haus rege benutzt und es ist ärgerlich, wenn die Scharniere nach dem zehnten Öffnen der Tür sich bereits aus der Verankerung lösen oder wenn Türgriffe sich nach kurzer Zeit verabschieden. Genauso ärgerlich sind Dächer, die den Regen an bestimmten Stellen kanalisieren und ins Innere des Gerätehauses führen, wenn Regenrinnen nach einem Jahr durchgerostet oder Holzlatten nach zwei Jahren einen Zustand zwischen Vermoderung und Verwesung angenommen haben.

Als Bodenbelag eignen sich einfach Zementplatten oder eine Mischung aus verschiedenen Recyclingmaterialien. Flachdächer sollten begrünt und mit einem gut durchlässigen Wasserabfluss versehen werden.

Gartenhäuser, Lauben und Sichtschutzelemente erfordern in der Regel eine Bewilligung. Es lohnt sich, während der Planung mit dem Nachbarn zu sprechen, um unnötige Konflikte zu vermeiden. Genauso wichtig ist es, die Bauvorschriften zu kennen beziehungsweise sich bei der Stadt oder der Gemeinde darüber zu informieren, um bei der Planung die rechtlichen Rahmenbedingungen zu kennen (siehe Seite 195).

Hier wurde der Carport mit der Neugestaltung des Gartens geplant und direkt an das Wohnhaus angebaut. Gleichzeitig dient die Holzkonstruktion als Fahrradunterstand und Gartenschopf.

Gerätehäuser aus Spaltholzwänden. Die Stahlrahmen dienen als tragende Konstruktion für das Dach. Für die Spaltholzwände werden sauber zugeschnittene Scheite aus unterschiedlichen Hölzern verwendet (Fichte, Tanne, Esche, Buche, Ahorn, Kirsche).

Gerätekisten oder -behälter

Dies ist die einfachste und kostengünstigste Art, Werkzeug und Gartenutensilien zu lagern. Insbesondere wenn wenig Platz ist, sind solche Truhen oder Kisten praktisch: auf Terrassen, Balkonen oder in kleinen Gärten. Solche Material- und Werkzeugkisten sind mobil und können problemlos beim Umzug mitgenommen werden; auf der Terrasse oder im Garten sind sie schnell umplatziert. Weil die Werkzeuge und Utensilien in der Truhe übereinandergestapelt werden müssen, entsteht allerdings schnell ein Durcheinander, welches zu Schäden an empfindlichen Utensilien führen kann. Im Handel wird eine Fülle solcher Gerätekisten angeboten. Bei der Auswahl muss neben ästhetischen Kriterien vor allem auch die Funktionalität einer solchen Kiste überprüft werden.

Gartenboxen bieten auf kleinem Raum viel Platz. Sie sind mobil und können problemlos beim Umzug mitgenommen werden. Darum eignet sich diese Art der Unterbringung verschiedener Gartenutensilien auch für Balkone und Terrassen von Mietwohnungen.

Gartenbox – viel Stauraum auf kleinem Platz

Als Alternative zur Gerätekiste bringt die aufrechte Gartenbox einige Vorteile. So sind die Werkzeuge und Utensilien nebeneinander versorgt und jederzeit unkompliziert zugänglich. Dadurch kann der Raum besser genutzt und deutlich mehr Material gelagert werden. In einer solchen Box können selbst ein kleiner Rasenmäher, eine Heckenschere oder andere Geräte verstaut werden. Gartenboxen können nach individuellen Bedürfnissen ausgebaut werden. Sie sind auch als Kissenlager oder im Winter zum Einstellen von Gartenmöbeln nutzbar. Denkbar ist auch, in einer Gartenbox eine kleine Außenküche einzurichten oder die Box als Lager für Malutensilien oder andere Gegenstände zu nutzen.

Geräteschopf – der erprobte Klassiker

Die Auswahl an Geräte- und Gartenschuppen ist nahezu unerschöpflich; aus Holz, Stahl, Faserzement und anderen Materialien werden in Baumärkten hunderte von Modellen angeboten. Trotzdem lohnt es sich, über eine Eigenkreation nachzudenken. Da sind zum einen ästhetischen Überlegungen – ein Holzhäuschen im Alpenstil passt nicht unbedingt zu einer Villa aus Stahl und Glas. Zum anderen kann mit einem Eigenbau die Inneneinrichtung völlig individuell auf die eigenen Wünsche angepasst werden. Zugegeben, ein individueller Entwurf ist letztlich in der Umsetzung sicher kostspieliger. Mit der richtigen technischen Ausführung ist der Schuppen in der Regel aber auch langlebiger. Außerdem macht ein Gartenhaus, das genau nach unseren Bedürfnissen ausgestattet ist, im Alltag mehr Freude.

Schlicht und einfach – Geräteschopf verkleidet mit Holzlatten, die rhomboid geschnitten sind. Dadurch ist die Durchlüftung gewährleistet, es können aber kein Laub oder andere Stoffe eindringen.

Rank- und Sichtschutzelemente

Es entspricht sicher einem menschlichen Grundbedürfnis, sich zurückzuziehen. Der Garten ist einer der wenigen Orte, wo ich die Gelegenheit dazu habe, ganz für mich zu sein, ohne mich beobachtet zu fühlen oder gestört zu werden. Ob es sich um ein großes oder eher um ein kleineres Grundstück handelt, bestimmt lediglich die Möglichkeiten, wie wir uns vor unerwünschten Einblicken schützen können. Abgrenzungen zum Nachbarn, zur Straße oder als Blickschutz auf Terrassen und Balkonen sind ein wichtiges Thema in jeder Gartengestaltung. Während auf größeren Grundstücksflächen in der Regel großzügig mit Pflanzen gearbeitet wird, sind in engen Verhältnissen Lösungen gefragt, die wenig Raum einnehmen und trotzdem die Funktion erfüllen.

In modernen Einfamilienhausquartieren kann man sich ein Bild der vielfältigen Möglichkeiten von Sichtschutzelementen machen. Dies nicht immer zur Freude eines gestalterisch geschulten Auges. In erster Linie fragt man sich als Gartengestalter, warum jeder Gartenbesitzer seine eigene Lösung realisieren muss, ließen sich doch gerade hier mit gemeinsamen Lösungen schöne Grenzgestaltungen umsetzen. Denkbar wäre zum Beispiel ein Obstspalier auf der Grenze, das von beiden Seiten abgeerntet werden kann, oder ein gemeinsames Stahlgerüst, das von beiden Seiten berankt wird. Solche Lösungen würden Platz sparen und hätten den Vorteil, dass sich eine Gestaltungsidee durch beide Gärten zieht. Außerdem wäre es auch günstiger, eine gemeinsame Lösung zu realisieren, denn manche Sichtschutzwände sind nicht ganz billig.

Einfache Rankwand aus Rohrpfosten und einem Netz, welches im Hochbau zur Armierung verwendet wird. Bepflanzt mit Schlingrosen, Clematis, Efeu oder mit Obstspalieren, Kiwi oder Reben ergibt sich nach einigen Jahren ein effektiver Schutz vor unerwünschten Einblicken.

Klassisch geschnittene Hecke
In Trapezform geschnitten,
oben schmaler als unten

Geschwungen geschnittene Hecke
Oben geschwungen geschnitten,
Trapezform weitgehend eingehalten

Frei geschnittene Hecke
Völlig freie Form nach Wunsch

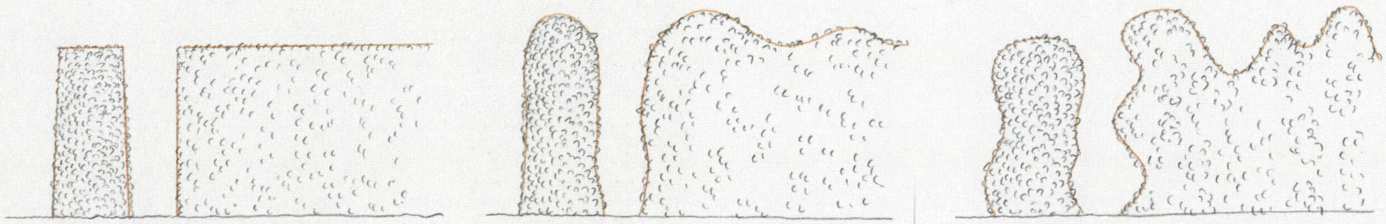

Querschnitt | Ansicht | Querschnitt | Ansicht | Querschnitt | Ansicht

Grüne Wände – Sichtschutz mit Pflanzen
Wer genügend Platz hat, pflanzt sich eine gemischte Hecke aus verschiedenen heimischen Gehölzen. Daran hat nicht nur der Gartenbesitzer seine Freude, sondern auch Vögel, Schmetterlinge, Igel und Amphibien, die in solchen Pflanzungen Lebensraum und Nahrung finden. Eine abgewandelte Form ist die geschnittene Hecke. Sie besteht aus dafür geeigneten heimischen Heckenpflanzen, die gemischt zusammengepflanzt werden können. Eine solche Hecke braucht in der Breite längerfristig etwa 70–80 cm. Die Hecke wird ein- bis zweimal pro Jahr mit der Heckenschere geschnitten. Dabei dürfen übrigens auch runde oder freie Formen gewählt werden.

Wer nicht so viel Platz zur Verfügung hat, kann sich an dieser Stelle mit Sträuchern aushelfen, die bereits in der Baumschule zu Spalieren gezogen wurden. Das bedeutet, sie sind möglichst flach und breit gezogen, damit sie wenig Platz benötigen. Eine solche Spalierhecke braucht in der Breite längerfristig etwa 40 cm. Sie wird einmal im Jahr in die Form geschnitten. In der Baumschule werden verschiedene Arten in dieser Gestalt angeboten, zum Beispiel Kornelkirsche *(Cornus mas)*, Kupfer-Felsenbirne *(Amelanchier lamarckii)*, Feld-Ahorn *(Acer campestre)*, Zier-Apfel *(Malus floribunda)*, Stechpalme *(Ilex aquifolium)* und verschiedene Obstarten.

Eine weitere Handhabe, eine grüne Wand zu gestalten, ist die Verwendung von Schling- und Rankpflanzen. Dazu ist es erforderlich, eine Rankhilfe zu bauen. Die einfachste Art besteht aus Stahlpfosten, an die ein Armierungsnetz gehängt wird. Edlere Modelle werden mit verzinkten oder in verschiedenen Farben lackierten Stahlwinkeln oder Rohren ausgeführt. Die eigentlichen Rankhilfen bestehen aus Stäben oder Drahtseilen, die horizontal gespannt werden. An solchen Rankgerüsten können wir nun verschiedene Kletterpflanzen ziehen, bespielsweise Windendes Geißblatt *(Lonicera periclymenum)*, Waldrebe *(Clematis vitalba)*, Alpen-Waldrebe *(Clematis alpina)*, Feld-Rose *(Rosa arvensis)*, Blauregen *(Wisteria sinensis)* und verschiedene Schlingrosensorten. Wer gerne etwas ernten möchte, pflanzt Trauben, Brombeeren, Himbeeren, Gojibeeren, Minikiwis oder Obstspaliere an sein Rankgerüst.

Einfache Drahtverspannungen zwischen den Stahlträgern ermöglichen es, die Wände mit Kletterpflanzen zu umgarnen.

Sichtschutzgestaltung mit Holz

Die einfachste Art, einen Sichtschutz aus Holz zu erstellen, besteht darin, Spaltholz übereinander zu schichten und seitlich mit zwei Pfosten zu verankern – schon steht der Sichtschutz. Etwas eleganter sind Wände, bei denen das Spaltholz in Stahlrahmen geschichtet ist. Diese Rahmen werden auf Fundamente aus Betonsteinen gestellt. So bleibt auch das Holz in der untersten Lage dauerhaft erhalten, weil es immer wieder austrocknen kann. Solche Spaltholzwände können zusätzlich mit Rankpflanzen umgarnt werden.

Aus Holz lassen sich auch gestalterisch aufwändige Wände herstellen. Eine Möglichkeit, die ursprünglich für eine Messe entwickelt wurde, ist die Setzkastenwand. Sie besteht aus senkrechten Stahlprofilen in U-Form, die einbetoniert werden. In die Stahlprofile eingelassen werden Bretter aus Lärchenholz, die in verschiedenen Positionen befestigt werden können. Als durchlässige Variante liegen die Lärchenbretter horizontal – hier können Steine, Muscheln und andere Utensilien zur Dekoration ausgelegt werden. In der mittleren Stellung ist die Wand zwar noch leicht durchlässig, bei schnellem Vorbeigehen oder Durchfahren aber blickdicht. In der vertikalen Stellung erreicht man einen undurchlässigen Sichtschutz. Die einzelnen Segmente von 250 cm Länge können in jeder Gartensituation individuell eingestellt werden.

Eine weitere Möglichkeit besteht in einer Schalung aus Latten, die im Querprofil rhomboid geschnitten sind. So entsteht eine feinstrukturierte Holzschalung mit Zwischenräumen. Durch die rhomboide Form der Latten bleibt man ungestört vor neugierigen Blicke.

Hier ist die Sichtschutzwand aus Eichenbrettern gleichzeitig eine Türe, die in einen anderen Gartenteil führt.

Spaltholzwände können zusätzlich mit Gucklöchern oder Fenstern versehen werden.

Sichtschutz aus Holz lässt viele Gestaltungsmöglichkeiten zu. Eine feine horizontale Lattung sorgt für ein angenehmes Gefühl der Geborgenheit, obwohl die Wand nicht ganz blickdicht ist.

Setzkastenwand hat der Designer diese Wand getauft. Bei horizontaler Stellung der Latten können verschiedene Gegenstände wie Steine, Schneckenhäuser, Samenstände und vieles mehr ausgestellt werden. Die Latten in der Wand sind verstellbar bis zum vollständigen Schließen und bieten damit hundertprozentigen Sichtschutz.

Wer hat's erfunden? Mittlerweile schon ein Klassiker: Sichtschutzwände aus Spaltholz, welches in einen Stahlrahmen eingefügt wird. Erstmals gezeigt an der Giardina 2011 im Rahmen der Sonderschau «Sterntaler».

Ebenfalls eine neuere Erscheinung sind Sichtschutzwände aus großen Natursteinplatten. Diese Wände sorgen Sommer und Winter für Schutz vor Blicken und Emissionen.

Stellwände aus Naturstein

Diese Art von Sichtschutzelement wurde in den vergangenen Jahren häufiger angewendet. Wahrscheinlich hängt dies damit zusammen, dass die Gärten immer kleiner und die Räume immer enger werden. Folglich hat das Bedürfnis nach permanentem Sichtschutz zugenommen.

Stellplatten aus Natursteinen werden aus Granit oder Sandstein hergestellt. Die einzelnen Elemente sind auf eine Tiefe von ca. 70 cm einbetoniert, damit sie stabil genug sind. Eine solche Wand ist tatsächlich fast für die Ewigkeit gebaut. Ein großer Vorteil dieser Stellwände liegt darin, dass die Wand gleichzeitig auch als Stützelement dienen kann, sodass man die Rückwand mit Material befüllen kann. Besonders in unebenem Gelände lassen sich so auch Höhenunterschiede ausebnen. Stellwände können ebenfalls begrünt werden. Hier eignen sich in erster Linie Kletterpflanzenarten, die selber haften und keine zusätzlichen Rankhilfen benötigen, wie Wilder Wein *(Parthenocissus tricuspidata)*, Kletter-Hortensie *(Hydrangea anomala* ssp. *petiolaris)* oder Trompetenblume *(Campsis radicans* oder *taglibuana)*.

Stellwände aus Naturstein (z.B. Rorschacher Sandstein) müssen auf eine Tiefe von 70 cm einbetoniert werden. Das Gewicht der Wände erfordert einen Kran oder einen großen Bagger, um die Wände zu versetzen.

Planung und Baugenehmigung

Gartenhäuser, Pavillons, Lauben, Pergolen und Sichtschutz sollten sorgfältig und detailliert geplant werden. Bei einer aufwändigen Bauweise ist es ratsam, den Entwurf von einem Holz- oder Metallbaufachmann mindestens anschauen und überprüfen zu lassen. Wichtig ist außerdem, dass selbst gestaltete Nebengebäude im Garten einer statischen Prüfung unterzogen werden. Schneelasten, temporäre Gewichtszunahmen bei intensivem Regen oder das Gewicht von regennassen Kletterpflanzen sollten nicht unterschätzt werden.

Nebenbauten, die auf einem festen Fundament stehen und eine gewisse Grundfläche überschreiten, benötigen in der Regel eine Baugenehmigung. Dies gilt auch für Sichtschutzwände, Hecken oder Spaliere. Baureglemente sind in der Regel im Internet bei der zuständigen Gemeinde abrufbar. Trotzdem lohnt es sich vor allem bei größeren Bauvorhaben, kurz das Bauamt der Gemeinde oder der Stadt zu konsultieren und die genauen Vorschriften zu erfragen. Einmal bewilligte Gebäude oder Sichtschutzelemente werden in der Regel im Grundbuch eingetragen und sind auch bei einem Verkauf des Grundstücks rechtlich gesichert.

Grundsätzlich ist es möglich, Gebäude oder Sichtschutzwände näher an die Grenze des Nachbarn zu bauen, als im Baureglement erlaubt ist. Dazu braucht es allerdings die schriftliche Einwilligung ihres Nachbarn. In solchen Momenten lernt man seine Nachbarn, mit denen man schon seit 20 Jahren friedlich nebeneinander wohnt, wirklich kennen. Nicht selten entfachen solche Forderungen Konflikte. Um solche Konflikte zu vermeiden, ist es ratsam, die betroffenen Nachbarn bereits im Planungsstadium in das Projekt einzubeziehen.

Luftiger Carport statt Tiefgarage

Im vergangenen Jahr erhielt ich den Auftrag, für Verwandte einen neuen Garten zu gestalten. Das Grundstück, auf dem das neue Haus gebaut werden sollte, liegt am Hang. Die Einfügung des Hauses mit Garage gestaltete sich daher eher schwierig.
Die Bauherrschaft wünschte sich zu ihrem Haus eine Garage und das Architektenbüro schlug eine Garage im Untergeschoss vor. Als ich diesen Vorschlag das erste Mal sah, war mir klar: Dieser Eingriff würde für die Gartengestaltung einen massiven Einschnitt bedeuten – einerseits aus gestalterischer Sicht, andererseits weil dafür viel Platz geopfert werden müsste, der nicht mehr nutzbar wäre. Zudem würde die Einfahrt in die «Tiefgarage» starkes Gefälle erhalten und an den Seiten der Einfahrt würden hohe Stützmauern gebaut. Um die Absturzgefahr zu bannen, würden die ohnehin schon hohen Mauern noch mit einem Zaun von einem Meter Höhe bestückt. Alles in allem würde dadurch eine Situation entstehen, die ich aus Sicht des Gartengestalters für unmöglich befand.
Ich versuchte, die Bauherrschaft bei meinem Gartenentwurf mit dem Vorschlag eines Anbaus auf Eingangshöhe zu überzeugen. Dazu müsste das Haus etwa 30 cm tiefer in das Gelände eingefügt werden, damit die Einfahrt bequem befahrbar würde. Leider stieß ich mit meinem ersten Vorschlag, entgegen meiner Überzeugung, nicht auf Begeisterung. Und das, obwohl das Projekt mit Carport den gleichen Preis hatte wie die Garagenversion.
Nun, wenn mir etwas missfällt, kann ich hartnäckig sein. Wenn alles nicht hilft, gibt es immer noch die Möglichkeit, sich aus dem Projekt zurückzuziehen. In diesem Fall beeindruckte dieses Argument die Bauherrschaft wohl und sie schauten die Variante mit dem Carport, kombiniert mit Velounterstand und Geräteschuppen, nun doch genauer an – und konnten sich langsam dafür erwärmen.
Ein Jahr später ist das Haus gebaut und mit ihm die Carport-Velo-Gerätehaus-Kombination. Das junge Paar ist eingezogen und freut sich jeden Tag, dass sie sich für diese Variante entschieden haben, die nicht nur ästhetisch viel ansprechender ist, sondern die sich auch funktional im Alltag bewährt.
Ich muss ehrlich gestehen, dass ich die junge Familie um diesen Eingangsbereich beneide. Ich überlege nun schon intensiv, wie ich die Situation bei meinem eigenen Haus in dieser Richtung verbessern könnte. Die Situation ist hier noch komplizierter, ich bin jedoch guter Dinge, dass es auch für diese Situation eine gartengestalterische Lösung gibt, die sowohl ästhetisch als auch funktional überzeugt.

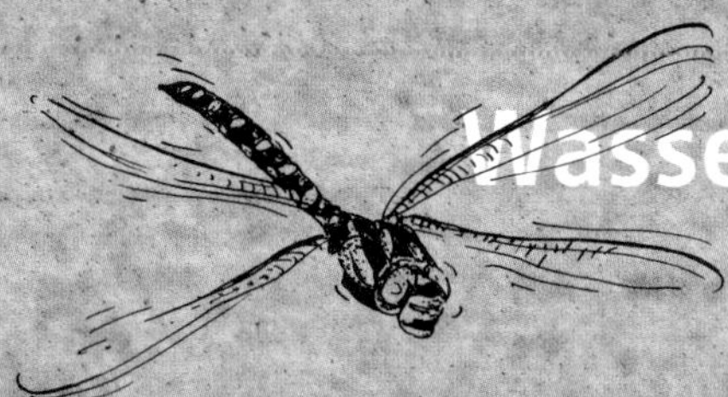

Wasserelemente – faszinierend erfrischend

Wie hoch in die Luft
sprudelnd funkelt das Wasser
und wie es rauscht
wieder zurückgefallen
dümpelt es im dunklen Teich

Yoshiko Kamitani

Der Stoff, aus dem das Leben kommt

Aus dem Wasser ist alles entstanden – es ist der Rohstoff des Lebens. Kein Wunder also, dass Wasser seit Urzeiten eine immense Faszination und Anbetung bei den Menschen ausgelöst hat. Ohne Wasser wäre kein Leben auf unserem Planeten möglich. Wo das Wasser fehlt oder schlecht ist, gibt es Hunger, Armut und Kriege. Bereits die Römer und die Ägypter begannen damit, Wasser zu nutzen. Sie bauten Leitungen und Aquädukte, um Dörfer und Städte mit Wasser zu versorgen. Ausgeklügelte Leitungssysteme wässerten die landwirtschaftlichen Kulturen.

Unsere Vorfahren erkannten auch, dass man sich mit Wasser vergnügen kann. In Ruinen und Ausgrabungen – in Südamerika, Ägypten und Europa – fanden Archäologen in Häusern Bäder, Wasserleitungssysteme und Heizungseinrichtungen. Zahlreiche Sagen, Mythen und Gedichte wurden zum Thema Wasser verfasst, wohl immer im Wissen, wie wichtig dieses Lebenselixier für uns Menschen ist. In letzter Zeit haben uns Meldungen über Wasserknappheit und das damit verbundene Elend und der gierige Ankauf von Wasserquellen durch Spekulanten erreicht – je weniger von einem Rohstoff vorhanden ist, desto wertvoller wird er.

Trotzdem sind wir im Umgang mit Wasser manchmal verschwenderisch und sorglos und leiten große Mengen von natürlichem Regenwasser einfach in die Kanalisation ab. Dann vermischen wir dieses Wasser mit unseren Fäkalien und entlassen es nach der Klärung wieder in Bäche und Flüsse. Ob dieser Umgang auf lange Sicht funktionieren wird, ist mehr als fraglich. Umdenken und umsichtiger handeln ist angesagt. In unserem Garten können wir dazu einen wichtigen Beitrag leisten: durch die Nutzung von gesammeltem Regenwasser und – noch besser – indem wir Bodenoberflächen wasserdurchlässig gestalten und möglichst wenige versiegeln. Auch wenn es in Mitteleuropa aufgrund regelmäßiger Niederschläge genügend Wasservorräte gibt, sollten wir nicht leichtfertig mit dem kostbaren Gut umgehen.

Wasser ist ein faszinierendes Gartenelement. Es gehört in jeden Garten, auch wenn es nur ein Vogelbad oder ein kleiner Brunnen ist.

Wasser belebt den Garten

Es braucht keine großen Flächen, um Wasser in den Garten zu bringen. Schon ein Brunnen, der mit Regenwasser gespeist wird, ist eine kleine Attraktion. Die Bepflanzung im Brunnen sorgt für gleichbleibende Wasserqualität.

Wasserelemente im Garten sind seit jeher beliebt und ein fester Bestandteil fast jeder Gartengestaltung. Dies beginnt bei kleinen, mit Wasser gefüllten Töpfen und reicht bis zu Teichen, in denen man schwimmen und baden kann. Dabei überrascht es immer wieder, wie wenig Wasser es braucht, um einen Garten mit Leben zu erfüllen. Schon ein kleiner Topf mit Wasser zieht Libellen an und in einem Wasserbecken oder Feuchtbiotop wandern innerhalb kurzer Zeit Molche und Frösche zum Wasser. Als Gartenbesitzer fragt man sich, woher diese Tiere kommen, insbesondere wenn man in einem Wohnquartier mit rundherum sterilisierten, pasteurisierten und homogenisierten Gärten wohnt.

In solchen Momenten wird einem klar, welche Rolle naturgerechte Gärten im Siedlungsraum spielen. Sie sind Inseln und Oasen für Pflanzen und Tiere, die ihre natürlichen Lebensräume eingebüßt haben. Eine Wasserfläche fasziniert mit ihren je nach Tages- und Jahreszeit unterschiedlichen Farben und Stimmungen, mit den Spiegelungen des Wolkenhimmels oder eines imposanten Baumes im Wasser. Es braucht keine große Fläche, um Wasserelemente im Garten einzuplanen. Selbst auf einer Terrasse lassen sich kleine Brunnen oder bepflanzte Gefäße mit Wasserpflanzen aufstellen. Vielleicht ist es nur ein Vogelbad, das wir aufstellen und jeden Morgen mit frischem (Regen)Wasser auffüllen.

Gestaltungselemente, die in einer Form Wasser beinhalten, sind faszinierend und machen, wenn sie richtig gebaut sind, auch große Freude. Allerdings sind Planung und Bau von Wasserelementen nicht ganz so einfach, wie einem das in Büchern oder im Internet manchmal vorgegaukelt wird. Wasser deckt Baufehler unmittelbar und gnadenlos auf; ein Leck und das geliebte Nass entschwindet, um nur eine mögliche Konsequenz zu nennen. Vielen Gartenbesitzern ist offensichtlich auch nicht bewusst, dass Wasser lebt, sie erschrecken, wenn plötzlich Trübungen oder Algen auftreten oder wenn Wasser schleimig und ölig wird. Leitungswasser, welches in ein Gefäß gefüllt und dort für kurze Zeit liegen bleibt, wird bald grün werden. Das ist eine natürliche Reaktion und zeigt, dass Wasser kein toter Organismus ist, sondern lebendige Substanz. Wer sich algenfreies, hygienisches und antiseptisches Wasser wünscht, muss ins Hallenbad gehen oder selber einen türkisblauen Pool anlegen. Aber selbst dort kann man mit aller Chemie das Leben des Wassers nicht ganz abtöten. Halten wir uns darum an Thales von Milet, einem antiken griechischen Philosophen, der da schreibt: «Das Prinzip aller Dinge ist Wasser, denn Wasser ist alles und ins Wasser kehrt alles zurück.»

Wer genug Platz hat, realisiert sich den Traum vom eigenen Badegewässer vor der Haustür. Das Wasser in Naturschwimmteichen wird durch die Pflanzen gereinigt.

Vogeltränken und Vogelbäder

Eine Stelle mit einer Vogeltränke lockt viele Vögel an und erfüllt den Garten mit Leben und fröhlichem Gezwitscher. Die Tiere trinken nicht nur von dem Wasser, das wir ihnen anbieten, sie baden auch gerne darin. Doch Gartenvögel nutzen eine Tränke nicht nur zum Spaß. Neben dem für Vögel unentbehrlichen Trinkwasser brauchen die zarten Gartenbesucher das Wasser auch, um sich abzukühlen und ihr Gefieder zu pflegen – besonders im Hochsommer, wenn es für die Vögel schwierig ist, ausreichend Flüssigkeit zu finden.

Die Auswahl an unterschiedlichen Vogeltränken und Vogelbädern ist groß. Es gibt Tränken aus Naturstein, Keramik, Metall und vielen anderen Materialien und in den unterschiedlichsten Formen. Bei der Wahl der Tränke sollte man vor allem den Standort für die Tränke berücksichtigen. Er entscheidet, ob die Schale auf dem Boden stehen kann oder ob sie vielleicht besser erhöht platziert werden sollte. Eine gute Vogeltränke sollte einen flachen Rand haben, damit die Vögel dort landen können, um sich langsam dem Wasser anzunähern. Damit alle Vogelarten von der Tränke profitieren, ist es gut, wenn sie vom Rand zur Mitte langsam tiefer wird. Idealerweise ist der Boden der Tränke aufgeraut, damit die Tiere beim Baden und Trinken einen sicheren Halt haben und nicht wegrutschen. Erfahrungsgemäß finden Tränken aus Naturstein in der Vogelwelt eine breitere Zustimmung als Modelle aus anderen Materialien.

Die Vogeltränke sollte so platziert werden, dass die Umgebung für die Vögel gut einsehbar ist. Idealerweise ist das nächste größere Gebüsch 3 bis 4 m entfernt, sodass sich Katzen nicht direkt neben der Tränke verstecken können. Wenn man die Vogeltränke etwas erhöht aufstellt oder eine Tränke mit Ständer benutzt, haben die Vögel ebenfalls einen guten Blick auf die Umgebung und sind für Räuber viel schwerer zu erreichen.

Vogelbäder sind hübsche Elemente, die den Garten beleben. Das Wasser sollte regelmäßig gewechselt werden.

Es ist wichtig, die Vogeltränke sauber zu halten, sonst tut man Vögeln damit keinen Gefallen. Da Gartenvögel die Tränke nicht nur zum Trinken, sondern auch als Badeanstalt benutzen, sammelt sich in der stehenden Flüssigkeit schnell eine Mischung aus Dreck und Pflanzenresten an. Wird die Vogeltränke nicht regelmäßig gesäubert, können sich im abgestandenen, verunreinigten Wasser schnell Krankheitserreger und Parasiten ausbreiten. Zur regelmäßigen Pflege der Vogeltränke gehört es, das Wasser komplett auszutauschen und das Gefäß mit heißem Wasser, einem Lappen, einer Bürste und gegebenenfalls etwas Quarzsand auf ganz natürliche Weise zu putzen. Bei großer Hitze sollte der Wasserwechsel samt Reinigung am besten täglich erfolgen. Bei normalem, durchwachsenem Wetter reicht es, die Tränke einmal pro Woche zu säubern. Wenn Sie über zwei Wasserschalen verfügen, können Sie diese abwechselnd benutzten und immer eine der beiden Schalen in der Sonne trocknen lassen. Nach ein paar Stunden in der prallen Sonne sollten auch die letzten Parasiten abgetötet sein.

Wasserschalen und bepflanzte Gefäße

Eine weitere, einfache Möglichkeit, das Element Wasser in den Garten zu bringen, sind Gefäße aus Metall, Ton, Naturstein, Beton oder Kunststoff. Das können Pflanzgefäße sein, deren Abflusslöcher verschlossen werden, oder alte Wascheimer aus Metall oder Kunststoff. Wer einen Balkon oder eine Terrasse mit eingebauten Pflanztrögen hat, kann einen der Tröge mit einer Kunststofffolie, wie sie für Teiche verwendet wird, abdichten und einen kleinen Wassertümpel anlegen.

Wichtig ist, dass all diese Gefäße bepflanzt werden, weil sich sonst das stehende Wasser in wenigen Tagen in eine unansehnliche und übel riechende Brühe verwandeln würde. Dazu schüttet man einfach etwas Kies (Betonkies) mit einer Körnung zwischen 0 und 30 mm in das Gefäß oder füllt im Handel erhältliche Teicherde (keine Blumenerde!) in den Topf. Eine Schicht von 15 bis 20 cm reicht, um dort Pflanzen anzusiedeln. Je nach Tiefe des Gefäßes können nun Wasser- und Sumpfpflanzen wie Sumpf-Schwertlilie, Schwanenblume oder Froschlöffel eingesetzt werden. Bei größeren Gefäßen können auch Unterwasserpflanzen wie Laichkraut, Wasserschlauch oder Zwergseerosen mit in das Gefäß gepflanzt werden. Man sollte jedoch nicht zu viele setzen, denn Wasserpflanzen wachsen schnell und üppig. Für einen Topf mit einem Durchmesser von 50 cm genügen vier bis fünf Pflanzen.

Dieser Pflanztrog ist gleichzeitig Pflanzbeet und Regenwassersammelbecken.

Nach dem Pflanzen füllt man das Gefäß mit Wasser, wenn möglich mit Regenwasser, bis knapp unter den Rand auf. Wenn der Mini-Wassergarten nicht überdacht steht, muss normalerweise kein zusätzliches Wasser nachgefüllt werden – extreme Trockenperioden ausgenommen. Sinkt der Pegel doch einmal, wird auch hier wenn möglich Regenwasser genutzt. Das Wasser im Topf sollte nicht ausgetauscht werden, weil sich mit der Zeit eine Wasserbiologie einstellt, die unter anderem dafür sorgt, dass die Wasserqualität stabil bleibt. Wer eine gewisse Vielfalt an Pflanzen ansiedeln möchte, kann mehrere solche Gefäße nebeneinander aufstellen. Die kleinen Wasserbehälter sollten im Garten oder auf der Terrasse so platziert werden, dass sie für Katzen nicht zugänglich sind.

Brunnen und Wasserspiele

Als Alternative zum Teich hat ein Brunnen oder ein Wasserspiel durchaus seinen Reiz. In dieser Form kann auch in kleineren Gartenanlagen das Element Wasser prominent und ästhetisch ansprechend integriert werden. Es gibt auch Gartensituationen, zu denen ein Feuchtbiotop einfach nicht passt, zum Beispiel bei Gebäuden, die ehemals landwirtschaftlich genutzt wurde. Hier ist ein Brunnen auf jeden Fall authentischer, auch wenn er in modernem Design mit zeitgemäßen Materialien gestaltet ist. Ein Brunnen vereint Wassererlebnis mit einem gewissen Nutzen, zumindest wenn er mit Regenwasser gespeist wird, um es zum Gießen des Gartens zu verwenden. Brunnen sind außerdem wunderbare Spielelemente für Kinder, die stundenlang in und um den Brunnen ihre Späße erfinden und ausleben können.

Die Auswahl an Brunnenformen ist fast unbegrenzt. Aus Naturstein, aber auch aus Stahl lässt sich fast jede Form herausarbeiten, wenn man bereit ist, den Preis dafür zu bezahlen. Schlichte Brunnen aus Beton finden auch im Naturgarten Verwendung. Zum einen aus gestalterischen Überlegungen – zu einem Garten, der mit Recyclingmaterial gestaltet ist, passt Beton besser als Naturstein –, zum anderen aus finanziellen Gründen, weil Betonbrunnen in der Regel günstiger sind als ihre Pendants aus Stahl oder Naturstein. Die Wahl von Material und Form ist eine Frage des persönlichen Geschmacks, sollte aber auch mit der formalen Gestaltung des Gartens in Einklang sein.

Am besten wird ein Brunnen an eine Quelle angeschlossen, so wie es bei alten, noch erhaltenen Brunnen oft der Fall ist. Zumeist wird indessen keine Quelle verfügbar sein und wir müssen uns mit einem Wasserreservoir behelfen. Die einfachste Form des Reservoirs ist der Brunnen selbst. Wir stellen eine Umwälzpumpe (Niedervolt) in den Brunnen und lassen den Brunneninhalt im Kreislauf zirkulieren. Bei dieser Variante muss ab und zu Wasser nachgefüllt werden, um den Verlust durch Verdunstung auszugleichen. Eine weitere Möglichkeit besteht darin, einen externen Wasserspeicher anzulegen, der mit Regenwasser von der Regenrinne regelmäßig gespeist wird.

Bei kleineren Anlagen genügt ein wasserdichtes Zementrohr mit einem Boden. Darin wird die Pumpe installiert und das Wasser über einen Speier in den Brunnen geleitet. Von dort gelangt es über einen Ablauf (Standrohr) wieder in den Schacht. Wer größere Wassermengen benötigt, sei es, um die Pflanzen im Garten zu gießen oder andere Wasserspiele damit zu betreiben, versenkt einen Regenwassertank im Garten. Dieser Kunststofftank kann bis zu 10 000 Liter Wasser speichern. Das reicht durchaus, um einen größeren Nutzgarten mit Regenwasser zu versorgen. Wer seinen Brunnen ohne Umwälzung einfach unter die Regenrinne stellen will oder das Wasser unbewegt belassen möchte, tut gut daran, den Brunnen zu bepflanzen. Die Bepflanzung kann sich auch auf einen Teil des Brunnens beschränken, wenn man den anderen Teil für die Kinder zum Spielen oder für ein gelegentliches Erfrischungsbad nutzen will. Im Gegensatz zu einem «Hot Pot», der beheizt wird, ist dieser «Cool Pot» eine willkommene Erfrischung für heiße Sommertag – sozusagen ein Mini-Badeteich für kleine Gärten oder Terrassen.

Ein attraktives Wasserspiel sind Quellsteine, die direkt im Wasserbecken oder im Teich liegen und ein leichtes Gurgeln erzeugen.

Eine Rieselwand ist ein vertikaler Brunnen. Das Wasser wird von oben eingeleitet und fließt über die Steinoberflächen in ein Becken zurück. Durch die permanente Feuchtigkeit auf der Wand wachsen mit der Zeit Moose, Farne und andere Pflanzen.

Die Auswahl an Materialien, Formen und Größen ist schier unbegrenzt. Brunnen aus Naturstein, Stahl oder Kunststein haben sich für den Garten bewährt.

Aus gestalterischer Sicht sind Wasserbecken ganz einfach architektonisch umgesetzte Teiche. Den Libellen und Vögeln ist es egal, ob die Wasserstelle rechteckig oder geschwungen ist.

Wasserbecken – geradlinige Lebensräume

Es ist geradezu Mode geworden, sich ein Wasserbecken im Garten bauen zu lassen, als zeitgemäße Interpretation des Gartenteiches. Dabei ist die Idee der Wasserbecken keineswegs neu. Die amerikanischen Architekten Richard & Dion Neutra bezogen bei ihren noch heute modern erscheinenden Häusern oft das Element des Wasserbeckens in die Gestaltung mit ein. In der Regel waren diese Becken unbepflanzt und dienten in erster Linie als architektonisches Element, sogenannte «Reflecting Pools» oder Reflexionsbecken, die Gebäudeteile oder den Himmel auf der Wasseroberfläche widerspiegeln sollten.

Im Naturgarten werden geradlinige Wasserbecken heute oft anstelle von Feuchtbiotopen mit geschwungenen Uferverläufen gebaut. Diese Art Biotop passt besser zur zeitgenössischen Architektur. Sofern die Wasserbecken bepflanzt werden, fungieren sie genauso als Lebensraum für Sumpf- und Wasserpflanzen, Wasserinsekten, Amphibien und Vögel. Was fehlt, sind die flach auslaufenden Uferzonen mit den entsprechenden Pflanzen- und Tierarten. Wenn ein Wasserbecken als Lebensraum angelegt ist, muss es im Boden eingelassen werden, damit Amphibien und andere Tiere mühelos ein- und aussteigen können. Die meisten im Wasser laichenden Amphibienarten leben während der meisten Zeit im Jahr nämlich nicht direkt im Wasser.

Außerdem sollte das Wasserbecken eine gewisse Tiefe aufweisen. Zum einen, weil sich das Wasser dann nicht so schnell erwärmt, zum anderen weil dadurch den Pflanzen verschiedene Wassertiefen zur Verfügung stehen und somit eine größere Artenvielfalt möglich ist. Je nach Dimension des Beckens sind Tiefen zwischen 50 und 80 cm ideal. Die Pflanzbereiche werden mit Kies oder Teichsubstrat verfüllt, nie mit Erde. Für die Bepflanzung steht die ganze Palette an einheimischen Feuchtpflanzen zur Verfügung: angefangen bei Unterwasserpflanzen wie Glänzendes Laichkraut *(Potamogeton lucens)* über Wasserpflanzen wie Teichbinse *(Schoenoplectus lacutstris)* bis hin zu blühenden Sumpfpflanzen wie Sumpf-Gladiole *(Gladiolus palustris)* oder Gauklerblume *(Mimulus luteus)*.

Wichtig ist, dass die Wasserbecken bepflanzt werden, damit die Wasserqualität erhalten bleibt.

Wasserbecken aus Stahlblech sind sehr beliebt. Sie werden je nach Größe im Werk oder vor Ort geschweißt. Damit sich das Becken über die Jahre nicht verschieben kann, wird es auf ein Betonfundament gesetzt.

Bewegtes Wasser wirkt beruhigend und das Plätschern kann unangenehme Umgebungsgeräusche mildern. Bei der Gestaltung des Wasserspiels sind der Fantasie kaum Grenzen gesetzt.

Tipp

Wasserspiele einwintern
Bepflanzte Wasserbecken, oder Gefäße können im Winter nicht einfach abgelassen werden, weil die Pflanzen sonst eingehen würden. Hier empfiehlt sich ein Winterschutz aus einem Holzstück oder einem Stück Styropor, mit einer Länge von ca. 40–50 cm und einer Breite von 10–20 cm (Isoliermaterial), das vor dem ersten Frost ins Becken eingelegt wird. Bei größeren Anlagen müssen mehrere Stücke eingelegt werden, um Schäden am Becken zu vermeiden. Brunnen werden in der Regel im Winter abgelassen und vollständig entleert. Ist eine Pumpe installiert, muss diese bei Außerbetriebsnahme gemäß Bedienungsanleitung eingewintert werden.

Wasserbecken können aus verschiedenen Materialien gebaut werden. Am häufigsten sind sie aus rohem Stahl gefertigt. Stahl hat den Vorteil, dass individuelle Größen und Formen problemlos hergestellt werden können. Stahlbecken werden direkt auf ein Kiesfundament gesetzt. Liegt das Becken in einer Auffüllung oder ist der Boden nicht gut tragfähig, wird ein Betonfundament erstellt. Zusammen mit der Höhe des Beckens sollte das Fundament auf Frosttiefe gebaut werden. Das bedeutet, dass bei einem Becken von 50 cm Tiefe, das Fundament 30 cm stark ist. Wasserbecken müssen millimetergenau eingebaut werden. Jede Abweichung wäre am Beckenrand sofort sichtbar.

Eine weitere Möglichkeit besteht darin, das Becken aus Schalungssteinen zu bauen oder eine Betonhülle zu erstellen, welche anschließend mit Folie ausgekleidet wird. Diese Bauweise eignet sich vor allem für unzugängliche Gärten, in denen kein Versetzen mit einem Kran möglich ist. Im Handel werden außerdem Wasserbecken aus Kunststoff angeboten, die wie Stahlbecken versetzt und ausgestaltet werden. Eine Wasserumwälzung ist bei der richtigen Menge an Pflanzen nicht nötig und kann bei falscher Positionierung sogar zu vermehrten Algenproblemen führen. Für die Wasserumwälzung kommen dieselben Anlagen zum Einsatz wie bei Brunnen.

Ein Wasserbecken mit Bepflanzung ist trotz seiner strengen Form und den scharfen Kanten ein natürliches Gewässer und unterliegt den gleichen biologischen Grundsätzen. Algenblüten und Trübungen sind in einem solchen Becken normal und gehören zur natürlichen Wasserbiologie dazu. Ist die Wasseranlage richtig konstruiert, sind solche «Zwischenfälle» meist von kurzer Dauer und lösen sich wieder auf. Permanent starke Algenbildung und Wassertrübung deuten darauf hin, dass die Anlage nicht richtig konzipiert oder unsachgemäß gebaut wurde.

Wasserspiele sind für klares Wasser im Teich nicht notwendig, wenn das Becken bepflanzt ist. Im Gegenteil, falsch eingebaut, kann die Bewegung des Wassers zu Problemen führen, weil hier zwei verschiedene Systeme miteinander vermischt werden – das System stehender Gewässer (See,Teich,Tümpel) mit dem System von Fließgewässern (Bach, Fluss).

Gartenteich – Wasserparadies hinterm Haus

Gartenteiche sind kleine Gewässer, die in der Regel eine natürliche Ufergestaltung aufweisen. Letzteres muss sich nicht auf den ganzen Teich beziehen, Teile davon können durchaus geradlinige Uferbereiche haben. Auf jeden Fall ist ein Gartenweiher immer bepflanzt und der Grund mit natürlichen Materialien ausgestaltet. Das Wichtigste bei der Gestaltung von Gartenteichen ist das Einbetten ins Gelände. Wasser fließt im Gelände immer an den tiefsten Punkt und bleibt dort stehen. Also sollte auch unser Tümpel diese einfache Regel befolgen. Baut man Teiche in Hanglage, ist eine Terrassierung angezeigt oder es werden hangparallel einzelne, schmale Tümpel gebildet. Vielleicht gibt es im Garten bereits Stellen, die feucht sind und sich für den Bau eines Weihers eignen.

Im besten Fall kann der Untergrund einfach mit einer Grabenwalze oder einem Grabenstampfer verdichtet werden und schon hat man ein Feuchtbiotop geschaffen. Allerdings muss man bei solchen Weihern mit großen Wasserstandsschwankungen oder im Hochsommer gar mit einer Austrocknung des Tümpels rechnen. Das ist den Pflanzen und Tieren, die in solch wechselfeuchten Situationen leben, egal, sie sind daran angepasst. Meistens sind es die Gartenbesitzer, die an den ausgetrockneten Flächen im Garten keine Freude haben wollen.

Wie bereits erwähnt, gibt es keine ideale Weiherform – sie entsteht vielmehr aus den Wünschen der Bauherrschaft und den vorhandenen Gegebenheiten. Man kann eine ganz einfache Grundform wählen, wie einen Kreis oder ein Oval, und diese anschließend mit Kies und Steinen naturnah ausgestalten.

Grenzt eine Seite des Weihers ans Haus oder an einen Sitzplatz, kann dieser Uferbereich gerade verlaufen und zur Teichmitte hin steil abfallend sein. Flachufer formen wir dann auf der gegenüberliegenden Seite aus. So, wie es keine optimale Form gibt, existiert auch keine optimale Größe. Der Teich sollte in seiner Grundfläche zur Gesamtgröße des Gartens passen. Das heißt, in kleineren Gärten sind die Weiher entsprechend kleinformatiger. Allerdings gibt es auch hier Ausnahmen, wenn wir den Teich zum Beispiel zum Baden nutzen wollen.

Im Gegensatz zur Fläche eines Teichs, müssen bei der Tiefe gewisse Regeln eingehalten werden. So sollten die Böschungen, wenn man eine Linie vom Ufer zum Teichmittelpunkt zieht, nicht steiler als im Verhältnis 1:3 gebaut werden, das heißt, ein Teil Höhe, drei Teile Breite. Bei einem Teichdurchmesser von 3 m ergibt das eine ideale Tiefe von 50 cm. Je größer die Teichfläche, desto tiefer darf das Becken gebaut werden. Teiche mit idealem Flächen-Tiefen-Verhältnis sind außerdem auch viel einfacher zu unterhalten als kraterförmige, bei denen der tiefste Punkt weder mit Geräten noch von Hand erreicht werden kann. Zudem besteht bei solchen Kraterweihern die Gefahr, dass Amphibien, die sich im Winter in der Schlammschicht sicher fühlen und dort überwintern, wegen Sauerstoffmangel sterben und im Frühjahr als aufgedunsene Wasserleichen im Gartenteich liegen. Die meisten Amphibien wie der Grasfrosch oder die Erdkröte, die unsere Gartenteiche beleben, wohnen außerhalb der Laichzeit sowieso nicht am Teich. Für sie ist es viel wichtiger, dass der umliegende Garten naturnah gestaltet ist, mit Hecken, Wiesenflächen, Ast- und Steinhaufen und Ecken, die von Kater Mikesch nicht besucht werden können.

Gartenteiche sind Lebensräume für viele Tierarten. Alle Tiere am Teich sollten von selbst zuwandern. Durch die heimischen Pflanzen werden zuerst verschiedene Insekten angezogen. Später finden auch Vögel und Amphibien in den Teich.

Gartenteiche sind kleine Gewässer mit einer natürlichen Ufergestaltung und einer standortgerechten heimischen Bepflanzung.

Idealerweise liegt der Teich am tiefsten Punkt im Garten, dort wo sich Wasser auf natürliche Weise auch sammeln könnte.

Wo soll der Teich liegen?

Grundsätzlich sind Gartenweiher, die an der Sonne liegen, vielfältiger und lebendiger, denn es gibt mehr Pflanzen- und Tierarten, die einen sonnigeren Standort bevorzugen. Ein halbschattiger oder schattiger Standort schließt allerdings einen Teich nicht aus. An solchen Stellen entsteht ein ganz anderer Lebensraum als an besonnten Plätzen. Zu vermeiden sind Lagen direkt unter Bäumen. Zum einen werden beim Bau Wurzeln in Mitleidenschaft gezogen, was dem Baum nicht bekommt, zum anderen ist an diesen Stellen mit einem hohen Eintrag an Laub und organischem Material zu rechnen. Letzteres kann zu Problemen in der Teichbiologie führen, weil durch den Nährstoffeintrag die Algenbildung stimuliert wird.

Teichabdichtung auswählen

Heute werden Gartenteiche in der Regel mit einer Kunststofffolie abgedichtet, was einige entscheidende Vorteile hat: günstigerer Anschaffungspreis, einfache Verarbeitungsweise und gute technische Lösung für komplizierte Anschlüsse an Gebäudeteile. Trotzdem lohnt es sich, beim Bau eines Teiches auch andere Abdichtungsmöglichkeiten zu prüfen. Bei Bauten in einem ohnehin lehmigen Boden reicht es oft aus, einfach die anstehende Lehmschicht mit einem Grubenlehm (Lehm aus einer Ziegeleigrube) zu ergänzen. So erhält man eine natürliche Abdichtung, die im besten Fall über Jahre funktioniert. Eine weitere Möglichkeit besteht darin, den Weiher mit Beton und wasserdichtem Mörtel abzudichten. Diese Methode eignet sich allerdings nur für größere Anlagen, weil sie aufwändig ist und ein fundiertes Fachwissen erfordert. Große Anlagen können mit einer Mischung aus Lehm und Stabilitkalk abgedichtet werden. Dabei werden die beiden Materialien gemischt, was nicht ganz ungefährlich ist, weil ungelöschter Kalk stark ätzend ist. Dichtungen aus Stabilitkalk sind robuster als herkömmliche aus Lehm, lohnen aber nur bei großen Mengen und wenn das Ausgangsmaterial vorhanden ist, da die Herstellung sehr aufwändig ist. Der Einbau muss von einem Betrieb vorgenommen werden, der mit dieser Bauweise vertraut ist.

Im Handel sind Dutzende von Teichfolien im Angebot. Es macht Sinn, eine Folie mit einer Mindeststärke von 1,2 mm auszuwählen. Man sollte auch darauf achten, dass die ausgewählten Kunststoffe UV-stabil sind und schon einige Jahre für den Teichbau verwendet werden. Eine Folie sollte bei einem eventuellen Rückbau problemlos entsorgt werden können. Sehr zu empfehlen sind EPDM-Synthese-Kautschukfolien. Sie werden seit über 50 Jahren verwendet und sind selbst nach Jahrzehnten noch gleichwertig wie zum Zeitpunkt des Einbaus. Ein Vorteil dieser Folie ist zudem die sehr hohe Dehnfähigkeit, die uns bei komplizierten Formen und Anschlüssen entgegenkommt. Die Folie wird vulkanisiert und nicht geschweißt, weshalb es keine Schweißnähte gibt, die mit den Jahren zu Schwachstellen werden. Damit kein Wasser austritt, wird die Folie an den Rändern senkrecht aufgestellt. Dafür sind im Handel Bänder aus Hartkunststoff erhältlich. So entsteht eine Kapillarsperre, das heißt, Pflanzen von außerhalb wachsen nicht in den Teich hinein und Wasser tritt nicht in den Uferbereich aus.

Die Teichabdichtung erfolgt in der Regel mit einer Kunststofffolie, die auf eine vor Verletzungen schützende Sandschicht verlegt wird.

Für die Kapillarsperre gibt es Bänder aus Hartkunststoff. Daran lässt sich die Folie mühelos befestigen und kippt später nicht um.

Bei der Ausgestaltung kommen ausschließich Kiesmaterialien zum Einsatz. Es sollte gewaschener Kies in verschiedenen Korngrößen ausgebracht werden. Die Ausgestaltung mit Steinen ist eine Frage des persönlichen Geschmacks. Wurzelstöcke können in den Randbereichen zusätzlichen Lebensraum bieten.

Teichfolie verlegen

Nach Aushub des Gartenweihers wird der Untergrund planiert und verdichtet, bevor die Folie verlegt wird. Dazu nimmt man eine leichte Rüttelplatte oder einen Grabenstampfer. Anschließend verteilt man über den verdichteten Untergrund eine 5 bis 6 cm dicke Schicht gewaschenen Sand. Damit wird die Folie vor Verletzungen nach dem Verlegen geschützt. Ohne Schutzschicht können spitze Steine, Glas- oder andere Splitterstücke eine Folie durchbohren, da sie durch das Einfüllen von Wasser an den Untergrund gedrückt wird. Vertikale Flächen oder Übergänge zu Trittsteinen oder anderen scharfkantigen Gestaltungselementen werden zusätzlich mit einem Vlies abgedeckt. Das Vlies sollte ein Gewicht von mindestens 200 g/m^2 haben.

Nach dem Verlegen der Folie wird für die Pflanzflächen Kies- und Steinmaterial verteilt. Es versteht sich von selbst, dass ausschließlich runde Kiesmischungen oder Sand verwendet werden. Diese Arbeiten müssen von Hand und äußerst sorgfältig ausgeführt werden, damit die Folie nicht beschädigt wird. Es gibt kaum etwas Mühsameres beim Bau eines Weihers als die Suche nach einem Leck. Im Teich wird ausschließlich mit Kiesmaterial gearbeitet, damit wir keine unnötigen Nährstoffe einbringen, die nach dem Auffüllen sofort zu Algenbildung führen würden. Werden große Steine in den Teich gesetzt oder Abstützungen für Holzdecks, Stege oder Brücken im Teich eingebaut, muss die Folie in diesem Bereich auch innen zusätzlich geschützt werden. Am besten eignen sich dazu sogenannte Bautenschutzmatten, wie sie im Baufachhandel erhältlich sind. Dieses Material wird im Flachdachbau verwendet, um empfindliche Bauteile vor mechanischer Verletzung zu schützen.

Den Teich ausgestalten

Bei der Ausgestaltung des Weihers kann der Gestaltende seiner Fantasie freien Lauf lassen. Man sollte allerdings daran denken, dass sich der Teich umso selbstverständlicher in den Garten integriert, je natürlicher er ausgestaltet wird. So ist es ziemlich unrealistisch, dass an einem kleinen Gartenteich mächtige Bollensteine liegen, wie sie in Wild- und Bergbächen vorkommen. Genauso unrealistisch ist ein weißer Sandstrand wie in der Karibik.

Besondere Aufmerksamkeit bei der Ausgestaltung des Weihers gilt den Randbereichen, den Übergangszonen von Wasser zu Land. Grundsätzlich trennt die Folie Wasser und Land sehr klar. Das bedeutet aber nicht, dass es in diesem Bereich keine Nährstoffeinträge aus den anliegenden Flächen geben kann. Vor allem wenn hinter dem Teich eine Böschung liegt oder der Teich an eine Rasenfläche anschließt, die gedüngt wird. Aus diesem Grund muss um den Teich ein nährstoffarmer Bereich von mindestens 1 m Breite anschließen. Dieser Bereich wird ebenfalls mit Kies oder, wenn vorhanden, mit kiesigem Aushubmaterial ausgefüllt.

Für die Bepflanzung sind diese Bereiche besonders interessant, wachsen doch hier blühende Weiherrandpflanzen wie Blut-Weiderich *(Lythrum salicaria)* und Wasserdost *(Eupatorium cannabinum)* neben Trockenstandortgewächsen wie Natternkopf *(Echium vulgare)* oder Wegwarte *(Cichorium intybus)*.

Nach der Bepflanzung wird das Wasser eingelassen. Im besten Fall verwendet man dazu Regenwasser. Die Folie wird erst zwei Wochen nach dem Einfüllen an den Rändern definitiv abgeschnitten, weil sich mit dem Einfüllen des Wassers Verschiebungen in der Folienlage ergeben können.

Teiche sollten nur spärlich bepflanzt werden, damit der Teich nicht zu schnell zuwächst. Wir verzichten vor allem in kleinen Teichen auf Arten, die sich stark ausbreiten können, wie Seerosen, Rohrkolben, Schilf, Tannwedel, Fieberklee oder Sumpf-Segge.

Pflanzen: am liebsten einheimisch und nicht zu viel

Hier gibt es einen entscheidenden Unterschied zum Naturbadeteich: Gartenteiche werden nur initial bepflanzt, zum Beispiel mit Sumpf-Schwertlilie *(Iris pseudacorus)*, Sumpf-Ziest *(Stachys palustris)*, Sumpf-Wolfsmilch *(Euphorbia palustris)*, Flatter-Binse *(Juncus effusus)*, Sumpf-Gladiole *(Gladiolus palustris)*, Sumpf-Gilbweiderich *(Lysimachia vulgaris)*, Blut-Weiderich *(Lythrum salicaria)*. Stark wuchernde Arten lassen wir ganz weg. Schilf *(Phragmites australis)*, Seerose *(Nymphea*-Arten), Teichrose *(Nuphar lutea)*, Rohrkolben *(Typha latifolia)*, Sumpf-Segge *(Carex acutiformis)* und Tannenwedel *(Hippuris vulgaris)* haben in Gartenteichen bis zu einer Größe von 100 m^2 nichts verloren. Das heißt, wir bringen zwar eine der Teichgröße angepasste Artenvielfalt ein, pflanzen aber von den einzelnen Arten nur wenige Exemplare. Diese Art der Bepflanzung bewahrt uns vor massiven Pflegeeingriffen in der Zukunft. Immer wieder trifft man auf Weiher, die komplett überwuchert sind, dies ist das Resultat einer falschen Pflanzenauswahl.

Sind Wasserelemente nicht höllisch aufwändig in der Pflege?

Liebhaber von Hochdruckreinigern, Teichsaugern, Teichrobotern und Sauberkeitsfanatiker sollten jetzt lieber Augen und Ohren schließen – alle anderen dürfen weiterlesen.

Wenn Sie einen wirklich über Jahre pflegeleichten Gartenbereich möchten, legen Sie einen Teich an, am besten einen Badeteich. Zugegeben, das Gewässer muss richtig geplant und gebaut sein, sonst stimmt diese Aussage nicht. Wasseranlagen sind sehr pflegeleicht und funktionieren am besten, wenn man nicht dauernd darin herumsaugt und putzt. Schwimmteiche, die Probleme machen, sind oft solche, die nicht in Ruhe gelassen werden. Vertrauen Sie den natürlichen Vorgängen in Ihrem Teich. Lassen Sie Pflanzen und Bakterien das Wasser sauber halten. Sie können es besser als jeder noch so talentierte Hobbygärtner, denn sie haben schon viel länger Erfahrung damit. Wenn diese natürlichen Vorgänge nicht funktionieren würden, wären wir heute wahrscheinlich gar nicht hier und würden uns über die Pflegeintensität von Gartenweihern unterhalten – die Welt wäre schon lange untergegangen. Erinnern Sie sich einfach an das Zitat von Thales von Milet: «Das Prinzip aller Dinge ist Wasser, denn Wasser ist alles und ins Wasser kehrt alles zurück.»

Die Pflegeintensität hängt einzig davon ab, wie der Teich gebaut und mit welchen Pflanzen er bestückt wurde. Insbesondere das Weglassen von wuchernden Arten wie der Seerose machen Teiche zu sehr pflegeleichten Orten im Garten.

Natur-, Bade- und Schwimmteiche

Bade- und Schwimmteiche sind natürliche Gewässer, die einem Naturteich oder See wesentliche näher liegen als einem türkisblauen Swimming Pool.

Die ersten Badebiotope aus den 1980er-Jahren waren einfach große Gartenteiche. Teiche, die genügend Fläche aufwiesen, um darin plantschen und einige Züge schwimmen zu können. Man baute die Gewässer so tiefgründig, dass an den tiefen Stellen keine Pflanzen mehr wuchsen, und – voilà – hatte man eine Schwimmzone. Nun war auch dies nichts Neues. Schon immer badeten Menschen in Seen und natürlichen Gewässern. Neu an der Idee war, dass man den See zum Baden in den eigenen Garten holte und damit ein neues Gartenelement schuf – das Badebiotop oder den Naturschwimmteich.

Heute werden Schwimmteiche in fünf Kategorien eingeteilt. Kategorie 1 ist das, was man ursprünglich unter Badebiotop verstand: ein Feuchtbiotop, das genügend groß zum Baden ist und dessen Wasser durch eine bestimmte Menge an Pflanzen sauber gehalten wird. Unter Kategorie 5 versteht man einen Naturpool, der eine biologische Wasserreinigung hat, die allerdings nur mit aufwändiger Schwimmbadtechnik funktioniert. Wir werden uns in diesem Buch nur die Kategorien 1 und 2 ansehen (siehe Seite 218). Zum einen, weil diese beiden Kategorien den natürlichen Gewässern am nächsten kommen und immer noch als Lebensraum für Pflanzen und Tiere fungieren, zum anderen, weil über die Kategorien 3 bis 5 genügend Literatur sowohl im Internet wie auch in Büchern vorhanden ist.

Wer in sauberem, chlorfreiem Wasser inmitten der Natur baden und schwimmen will, wird sich in jedem Fall für einen Naturschwimmteich entscheiden.

In Naturschwimmteichen wird das Wasser durch verschiedene biologische Vorgänge «gereinigt», hauptsächlich mithilfe von Pflanzen.

Im Grunde ist ein Naturschwimmteich nichts anderes als ein großer Gartenteich und einige bauliche Grundsätze können einfach übernommen werden. Im Unterschied zum Gartenteich erhält der Schwimmteich voneinander getrennte Pflanz- und Badezonen. Das hat einerseits Vorteile für die Wasserqualität und ist andererseits angenehmer beim Baden und Schwimmen.

Wer sich einen Schwimmteich anlegt, muss sich bewusst sein, dass er sich letztendlich in einem Gewässer bewegt, welches von seinem Charakter wesentlich näher an einem See oder Fluss liegt als ein türkisblauer, klinisch sauberer Pool. In Schwimmteichen treffen wir auf einen sogenannten Biofilm, der die Wände und den Boden glitschig macht und die Steine mit einer feinen, glibberigen Schicht überzieht. Dieser Vorgang ist völlig normal und zwingend notwendig, damit ein Teich funktionieren kann. Die Trübungen des Wassers können je nach Jahreszeit ganz unterschiedlich sein, manchmal erkennt man jeden feinen Krümel auf dem Boden des Teiches, zu einer anderen Jahreszeit sieht man den Boden überhaupt nicht. Alle diese Vorgänge gehören genauso zum Naturschwimmteich wie das Vorhandensein von Pflanzen – was wir weitgehend selber bestimmen können – und Tieren – was wir weitgehend der Natur überlassen sollten.

Ein Naturbadeteich der Kategorie 1 und 2 ist also nichts für Sauberkeitsfanatiker. Auch Technikbegeisterte kommen bei der einfachen Technik einer Nummer 2 nur schwerlich auf ihre Kosten. Wer allerdings im eigenen Garten die Natur und ihre Dynamik erleben will, wer sich in natürlich gereinigtem Wasser bewegen will und bei all dem nur wenig Zeit in die Pflege investieren kann oder will, der wird mit einem solchen Gewässer sicher sehr viele schöne Stunden erleben.

Kategorie 1 sind Naturteiche ohne jegliche Technik. Die Reinigung des Wassers wird ausschließlich von Pflanzen übernommen.

Zur Kategorie 2 gehören Naturteiche mit wenig Technik, zum Beispiel mit einem Skimmer, der für eine optisch saubere Wasseroberfläche sorgt.

Teiche mit Wasserumwälzung und Wasserspielen werden ebenfalls zur Kategorie 2 gezählt.

Biofilm – bin ich hier im falschen Film?

Biofilme können als die Urform des Lebens gelten, denn die ältesten Fossilien, die man bisher gefunden hat, stammen von Mikroorganismen in Biofilmen, die vor 3,2 Milliarden Jahren gelebt haben. Der Biofilm als Lebensform hat sich so gut bewährt, dass er bis heute weit verbreitet ist. Die weitaus überwiegende Zahl der Mikroorganismen lebt in der Natur in Form von Biofilmen.

Im Alltag werden sie oft als «Schleimschicht» oder «glitschiger Belag» wahrgenommen. Biofilme enthalten außer den Mikroorganismen hauptsächlich Wasser. Von den Mikroorganismen ausgeschiedene polymere Stoffe bilden in Verbindung mit Wasser Hydrogele, wodurch eine schleimartige Oberfläche entsteht, in der Nährstoffe und andere Substanzen gelöst sind.

In Biofilmen leben normalerweise verschiedene Mikroorganismen gemeinsam. Im Abstand von wenigen hundert Mikrometern können Zonen vorkommen, in denen Stoffwechselprozesse in Gegenwart von Sauerstoff (aerob) oder ohne diesen (anaerob) stattfinden, sodass aerobe und anaerobe Mikroorganismen eng nebeneinander leben können.

Biofilme besitzen eine große ökologische Bedeutung. Sie sind an den globalen Kreisläufen von Kohlenstoff, Sauerstoff, Stickstoff, Schwefel, Phosphor und vieler anderer Elemente beteiligt. Sie mobilisieren Stoffe aus Mineralien und binden viel Kohlenstoffdioxid, womit sie dem Treibhauseffekt entgegenwirken. Die Organismen innerhalb der Biofilme sind in der Lage, durch ihr Zusammenwirken auch schwer abbaubare Stoffe auszustoßen. Sie spielen eine zentrale Rolle in den Selbstreinigungsprozessen natürlicher Habitate. So sind sie wesentlich an der Selbstreinigung der Gewässer beteiligt.

Naturschwimmteiche der Kategorien 1 und 2

Ein Teich der Kategorie 1 ist vergleichbar mit einem stehenden Gewässer, mit wenig Bewegung durch Wind, ohne Zu- und Abflüsse. Er entspricht dem typischen See im Schweizer Mittelland. Damit diese Teiche funktionieren, muss das Verhältnis von Schwimm- und Pflanzfläche 40:60 sein. Wenn ich also eine Schwimm- oder Badefläche von 40 m^2 will, muss ich idealerweise zusätzlich 60 m^2 bepflanzte Fläche haben. Damit der Teich funktioniert, muss er außerdem mindestens teilweise 2 m oder tiefer sein. Er sollte so in der Hauptwindrichtung liegen, dass organisches Material, das auf der Oberfläche schwimmt, in die Pflanzfläche getrieben wird. Die Reinigung des Wassers erledigen Mikroorganismen, die an den Pflanzenwurzeln und in anderen Bereichen im Biofilm leben. Darum ist es wichtig, möglichst viel Pflanzfläche und damit Wurzeloberfläche zu schaffen.

Naturschwimmteiche der Kategorie 2 sind vergleichbar mit einem stehenden Gewässer, das größere Bewegungen hat, also zum Beispiel windexponiert liegt oder mehrere Zu- und Abflüsse aufweist. Damit diese Teiche funktionieren, muss das Verhältnis von Schwimm- und Pflanzfläche 50:50 betragen. Diese Teiche werden mit einer Wasserumwälzung ergänzt. Meistens geht die Absaugung über einen Rundskimmer, der Blütenstaub und Laub auf der Oberfläche absaugt. Von dort gelangt das Wasser durch einen mechanischen Filter und über ein Wasserspiel oder durch einen Kiesfilter im Pflanzbereich wieder in den Schwimmteich. Der Rundskimmer wird ab und zu herausgenommen, ausgewaschen und wieder eingesetzt. Es reicht aus, wenn das Wasser während vier bis fünf Stunden (in Intervallen von einer Stunde) am Tag umgewälzt wird. Im Winter wird die Umwälzung stillgelegt.

Aus einer langweiligen Rasenfläche entsteht ein lebendiger, spannender Wassergarten mit Naturschwimmteich.

Einen Schwimmteich bauen

Es gibt drei Möglichkeiten, einen Schwimmteich der Kategorie 1 oder 2 zu bauen. Die einfachste ist die Bauweise mit Naturböschungen, aufwändiger sind Konstruktionen aus Holz oder Betonschalungssteinen.

Eine Bauweise mit Naturböschungen ist nur bei gewachsenem, standfestem Boden möglich. Außerdem benötigt man eine genügend große Fläche, weil diese Bauart mehr Platz braucht. Zuerst wird der Oberboden abgetragen, danach werden die Pflanzflächen und der Schwimmbereich ausgehoben. Die Böschungen im Schwimmteil werden so steil wie möglich angelegt. Die Böschung muss in jedem Fall halten, es darf sich kein Material daraus lösen oder gar abrutschen. Die Böschungsoberkante wird nun mit einem Betonkragen ausgebildet, der die Pflanzfläche von der Schwimmfläche trennt. Wer keinen Beton verwenden will, kann auch gut gefüllte Sandsäcke an dieser Stelle auslegen.

Abschließend werden die Aushubsohle und alle geraden Flächen im Pflanzbereich verdichtet und von Steinen und spitzen Gegenständen befreit. Die ebenen Flächen werden, wie beim Gartenteich beschrieben, mit einer Schicht Sand abgestreut. Alle anderen Flächen werden mit einer Vliesmatte abgedeckt, um die Folie zu schützen. Wenn eine vorkonfektionierte Folie verwendet wird, legt man sie auf dem Teichboden aus und faltet sie so lange auseinander, bis der Teichboden komplett bedeckt ist.

In den Pflanzflächen beginnt man nun, Kies und Steine aufzutragen und das Ganze auszugestalten. Der Teichboden des Badebereichs bleibt unbedeckt, weil hier keine Pflanzen wachsen sollen und weil er auf diese Art einfach mit einem Teichsauger gereinigt werden kann. Zum Schluss wird die Folie am Teichrand senkrecht gestellt und mit Kiesmaterial gut fixiert, damit sie als Kapillarsperre einwandfrei funktioniert und kein Wasser über den Rand austreten kann.

Bei einem Teich der Kategorie 2 werden vor dem Einbau des Kiesmaterials Skimmer, Pumpen und Leitungen verlegt und angeschlossen. Jetzt wird der Teich aufgefüllt und eine Dichtungsprobe vorgenommen. Das Wasser im Pflanzbereich wird vor der Pflanzung wieder abgepumpt, weil es einfacher ist, die Pflanzen ohne Wasser zu setzen.

Mit Holzverbauungen, die im Teich stehen, lässt sich der Bade- und Pflanzbereich ebenfalls gut voneinander trennen. Diese Bauweise eignet sich vor allem für kleinere Teichanlagen, weil aus statischen Gründen die Länge der einzelnen Holzwände begrenzt ist. Da die ganze Holzkonstruktion unter Wasser liegt, kann günstiges Fichten- oder Tannenholz verwendet werden. Die einzelnen Balken werden in Blockbauweise aufeinandergestapelt. Damit die Folie in diesen Bereich unbeschädigt bleibt, wird unter der ersten Holzlage eine Bautenschutzmatte verlegt. Diese Holzkonstruktion wird nun bis auf die gewünschte Höhe hochgezogen.

Ein großer Vorteil dieser Konstruktion liegt darin, dass an den Holzbalken An- oder Aufbauten befestigt werden können. So lassen sich zum Beispiel bequem die Stützen von Holzdecks oder Stegen montieren, außerdem können unter der Wasseroberfläche Sitzmöglichkeiten montiert oder Pumpen und Skimmer daran befestigt werden. Die Folie, die vor dem Aufbau der Holzkonstruktion verlegt wurde, wird nun sauber bis in die Randflächen ausgelegt und soweit nötig an der Holzkonstruktion hochgezogen. Anschließend wird wie bei den anderen Bauweisen nun der Pflanzbereich ausgestaltet und Pumpen und Skimmer werden installiert.

Schwimmteiche auf engem Raum werden am besten mit Schalungssteinen aufgebaut. Für große, rechteckige Becken ist diese Bauweise gleichfalls gut geeignet. Schalungssteine sind Betonformsteine in H-Form, die aufeinandergeschichtet werden, um sie abschließend mit flüssigem Beton aufzufüllen. Als Fundament wird ein Streifenfundament von etwa 20 bis 30 cm betoniert. Darauf wird noch am gleichen Tag der Grundstein gesetzt. Am kommenden Tag können die Steine einzeln aufeinandergeschichtet werden. Längere Mauern oder Wände, die einem hohen Druck ausgesetzt sind, müssen zusätzlich armiert werden. Informationen dazu gibt es beim Lieferanten der Schalungssteine oder man lässt sich die Armierung von einem Ingenieur berechnen.

Die lose aufeinandergeschichteten Steine – es gibt auch Eck- und Abschlusssteine – werden jetzt mit Beton verfüllt. Am angenehmsten geht es mit einer Betonpumpe auf einem LKW, mit der man den flüssigen Beton direkt in die Hohlräume der Schalungssteine füllt. Der Beton wird fortlaufend mit einem Innenrüttler, wie er im Hochbau verwendet wird, verdichtet. Diese Arbeit muss sorgfältig gemacht werden, damit die Wände durch den Druck nicht aufplatzen. Kleinere Anlagen können durchaus von Hand verfüllt und mit einem Schlegel oder Handstampfer fortwährend verdichtet werden.

Bevor nun die Schutzschichten und die Folie verlegt werden, müssen die betonierten Wände einige Tage austrocknen. Bei starkem Niederschlag oder Nachtfrost sollten die Schalungssteinmauern mit Bauplastik geschützt werden. Nach dem Austrocknen werden die Mauern hinterfüllt. Dazu kann man vorhandenes Aushubmaterial nehmen, sofern es sich gut verdichten lässt. Ansonsten verwendet man Kiessand der Klasse 2. Die Hinterfüllung muss sehr sorgfältig und in Schichten aufgebaut werden. Das Material muss gut verdichtet werden, damit es später in diesen Bereichen keine Senkungen gibt.

Der Teichboden wird nun mit Sand abgestreut. Die von scharfen Kanten befreiten Wände werden mit Schutzvlies nahtlos abgedeckt. Man verwendet dazu Vliesmatten mit mindestens 300 g/m^2. Das Vlies muss jeden Bereich, insbesondere die Ecken, exakt bedecken, damit die Folie nicht verletzt wird. Im Zweifelsfall legt man besser zwei Lagen Vlies übereinander. Abschließend wird die Folie verlegt. Aufgrund ihrer sehr hohen Dehnbarkeit haben sich EPDM-Synthese-Kautschukfolien mit einer Stärke von 1,5 mm für Schwimmteiche bewährt. Es können auch andere Folien verwendet werden, die aber auf jeden Fall nachweislich sehr langlebig und dauerhaft sein müssen. Zum Schluss werden die Pflanzflächen wie auf Seite 223 beschrieben ausgestaltet.

Nach dem Aushub, der in der Regel mit einem Raupenbagger erfolgt, wird das Innenleben des Schwimmteiches aufgebaut, um Schwimm- und Regenerationszonen voneinander zu trennen.

Eine Variante ist der Aufbau mit Schalungssteinen. Das sind Betonhohlsteine, die aufeinander geschichtet und anschließend mit Beton ausgefüllt werden. Alternativen sind Wände aus Holz oder bei guter Standfestigkeit des Bodens steile Naturböschungen.

Eine weitere Möglichkeit besteht darin, das Becken einzuschalen und eine Betonwand zu gießen. Diese Bauart ist angezeigt, wenn andere Betonarbeiten auf dieser Baustelle anfallen und die Schalungselemente bereits vor Ort sind.

Die Wände werden zum Schutz der Folie mit einer Vliesmatte abgedeckt.
Die Flächen werden mit einer Sandschicht von etwa 10 cm abgestreut

Es lohnt sich, für Schwimmteiche qualitativ hochwertige Folien zu verwenden. Bewährt haben sich zum Beispiel EPDM-Synthese Kautschukfolien.

Die dunkle Folie wird später dazu führen, dass wir im Teich eine natürliche Wasserfarbe haben.

Die Mauerkronen werden zum Schutz der Folie mit Blockstufen aus Beton oder Naturstein abgedeckt.

Die Abdeckung der Mauerkrone liegt 30 bis 40 cm unter dem Maximalwasserspiegel. Diese Flächen können als Sitzflächen oder zum Kneippen im seichten Wasser genutzt werden.

Schwere Tritt- oder Liegesteine, die später im Teich stehen sollen, werden auf eine Bautenschutzmatte gelegt. Die Matte schützt die Folie vor möglichen Verletzungen.

Mauern können in den Teich hinein gebaut werden. Die Folie wird auch hier mit einer Bautenschutzmatte abgedeckt. Die Steine, die später im Wasser liegen, sollten aus Granit oder Quarzit sein, damit kein Kalkeintrag in den Teich stattfindet.

Leitungen und Pumpen für Wasserspiele werden installiert.

Holzdecks und andere Aufbauten werden vor dem Einfüllen und der Bepflanzung fertig montiert.

In den Pflanzflächen und angrenzenden Uferzonen wird ausschließlich mit Naturkies gearbeitet, damit kein unerwünschter Nährstoffeintrag entsteht.

Nach der Bepflanzung wird der Teich mit Wasser aufgefüllt. Bei der ersten Füllung verwendet man in der Regel noch Leitungswasser. Später sollte der Teich ausschließlich mit Regenwasser aufgefüllt werden.

Die Installation einer Gartendusche macht Sinn, damit man sich insbesondere vor dem Baden Sonnencreme oder Schweiß abspülen kann. Beides kann für die Biologie des Schwimmteiches negative Folgen haben.

Es wird trotz dichter Bepflanzung eine Weile dauern, bis der Teich vollständig bewachsen ist. Geduld ist also hier oberstes Gebot.

Im Gegensatz zum Gartenteich wird der Schwimmteich dicht bepflanzt, damit möglichst schnell genügend Wurzelvolumen für die Klärung des Wassers vorhanden ist.

Bepflanzung von Schwimmteichen

Im Gegensatz zum Gartenteich wird der Bade- oder Schwimmteich von Anfang an intensiv bepflanzt. Bei der Gestaltung der Pflanzbereiche haben wir darauf geachtet, dass wir verschiedene Pflanztiefen von 10 bis 100 cm schaffen. Das ist wichtig, damit wir sowohl Unterwasser-, Wasser- als auch Sumpfpflanzen einbringen können. Für die Startphase des Teiches benötigen wir für die Wasserreinigung unbedingt Unterwasserpflanzen. Es kann aber gut sein, dass sie später ganz verschwinden und auch nicht mehr nötig sind. Wichtig sind Pflanzen mit großem Wurzelvolumen auf kleiner Fläche, wie Binsen und Seggen sie haben.

Im Sumpfbereich siedeln wir vor allem Pflanzen an, die uns optisch ansprechen, denn sie sind es auch, die wir später sehen werden, wenn wir am Teich sitzen. Wenn wir in nährstoffarme Substrate pflanzen, lassen wir den Topfballen an der Pflanze. Das hat zwar zur Folge, dass es in diesem Bereich in den ersten Wochen zu geringer Algenbildung kommt, bietet aber den Vorteil, dass die Pflanzen schnell anwachsen und ihre Funktion übernehmen können. Im Durchschnitt setzen wir pro Quadratmeter fünf bis sechs Pflanzen ein. Es geht darum, möglichst schnell von der Reinigungskraft der Pflanzen zu profitieren. Trotzdem wird es Jahre dauern, bis der Teich eingewachsen ist. Die Pflanzung muss sehr sorgfältig von Hand gemacht werden, damit die Folie nicht beschädigt wird. Nach dem Pflanzen lassen wir sofort Wasser ein. Die Trübungen der ersten Tage kommen vom Kiesstaub und von organischem Pflanzenmaterial. Wen dies stört, kann den Teich nach zwei bis drei Wochen mit einem Teichsauger nachreinigen.

Für einen Badeteich benötigt man keinen 1000-m²-Garten. Mini-Badeteiche lassen sich auch in kleine Reihenhausgärten oder mitten in der Stadt realisieren. Wichtig ist auch hier, dass die Pflanzfläche mindestens die Größe des Schwimmbereichs haben muss.

Mit zunehmendem Alter wird der Teich durch das Pflanzenwachstum immer stabiler und Trübungen oder Algenblüten werden selten.

Dieser Mini-Badeteich wurde nachträglich in den alten, verwunschenen Garten eingebaut. Genaue Planung und perfekte Logistik machen es möglich, einen solchen Eingriff in einem bestehenden Garten zu machen, ohne die umliegenden Flächen zu beeinträchtigen.

Im ersten Jahr bleibt der Teich in der Regel klar. Gartenbesitzer und Badegäste sind allesamt überrascht und begeistert, dass es tatsächlich funktioniert. Im zweiten Jahr sieht es dann schon anders aus. Der Teich pubertiert vor sich hin, manchmal trüb und grün, dann wieder glasklar, so geht das hin und her. Es bilden sich außerdem mehr Algen, als man sich das gewünscht hat, und manch ein Schwimmteichbesitzer fragt sich, ob er das viele Geld nicht besser für eine Weltreise oder einen Oldtimer ausgegeben hätte. Tatsächlich müssen die ersten Jahre im Leben eines Teiches ausgehalten werden. Erst nach und nach wird sich der Teich beruhigen. Die gute Nachricht ist: Je älter ein Schwimmteich wird, desto weniger Schwankungen und Algen gibt es. Wie so vieles, was mit der Natur zu tun hat, braucht es Geduld und Vertrauen. Wie heißt es doch so schön? Die Zeit heilt alle Wunden.

Unbeschwert baden im Naturschwimmteich – je weniger Technik, desto nachhaltiger

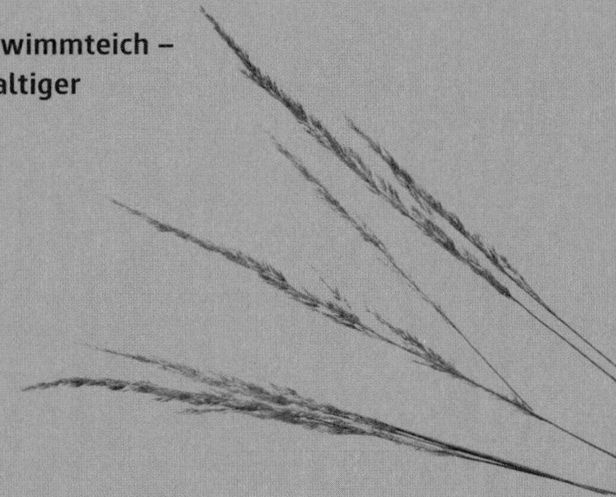

Den ersten Schwimmteich in meinem eigenen Garten habe ich vor 15 Jahren gebaut. Auf dem neuesten Stand der Technik sollte er sein. Aus diesem Grund baute ich einiges an Technik ein und nahm den Teich in Betrieb. Am Anfang funktionierte alles wunderbar und es war eine wahre Freude, zu plantschen und den Teich zu genießen.

Einige Jahre später sah es ganz anders aus; die Pflanzen wuchsen spärlich, es bildeten sich immer mehr Algen, der Teich war oft trüb und ich war der einzige in meiner Familie, der sich überhaupt noch ins Wasser wagte. Es stellte sich heraus, dass die eingebauten Elemente jedes Jahr hätten gespült werden müssen und überhaupt viel mehr Wartung nötig gewesen wäre, als ursprünglich angenommen. Diese Erfahrung habe ich nicht nur beim eigenen Teich gemacht, sondern in allen Anlagen, die wir damals mit dieser Technik bestückt hatten. Das brachte uns einiges an Aufwand und Ärger ein und ich beschloss damals, den Einbau von Technik auf das Minimum zu reduzieren und mit der Natur zu arbeiten.

Mein Teich wird heute ausschließlich von Pflanzen gereinigt. Die einzige Technik ist ein Rundskimmer, um die Wasseroberfläche sauber zu halten, und ein kleines Wasserspiel für die Kinder. Der Teich funktioniert einwandfrei wie eine Schweizer Uhr. Pünktlich zur Eröffnung der Badesaison, bei uns in der Regel im April, wird der Teich klar wie ein Bergsee und bleibt es den ganzen Sommer über. Algen gibt es, wenn überhaupt, ganz wenige im Pflanzbereich.

Heute baue ich aufgrund dieser Erfahrung nur noch Schwimmteiche in dieser Art, mit einer ausreichend großen Regenerationszone, die mit Wasserpflanzen bestückt ist. Das Beste an diesen Teichen ist, dass sie mit zunehmendem Alter stabiler werden und immer besser funktionieren. Das ist für mich echte Nachhaltigkeit.

Feuchtgraben und Bachlauf – Königsdisziplin der Wasserelemente

Feuchtgräben sind einfach herzustellen und dennoch sehr wertvoll. Von Hand oder mit einem Raupenbagger wird ein Graben von 30 bis 40 cm Tiefe ausgehoben und die Sohle mit dem Grabenstampfer verdichtet. Anschließend erfolgt die Bepflanzung mit Sumpfpflanzen an den Rändern. Bei Regen wird sich der Graben füllen und zu einem wertvollen Wasserbiotop werden.

Als Feuchtgraben bezeichnet man eine wechselfeuchte Rinne, wie sie zum Beispiel durch Räder von schweren Traktoren oder Geräten entstehen. Wassergräben hat man früher zur Entwässerung von Straßen gezogen oder um schnell einen Bereich von stehendem Wasser zu befreien. Im Garten können solche Gräben bei der Umgestaltung von Hand oder mit dem Bagger ausgehoben werden, zum Beispiel, um das Wasser aus der Regenrinne im Garten versickern zu lassen, um einen Weg seitlich zu drainieren oder um zu verhindern, dass Wasser einer ganzen Fläche ins Nachbargrundstück übertritt.

Feuchtgräben werden ausgehoben und mit einem Grabenstampfer verdichtet. Man füllt eine Schicht Kies ein und bepflanzt den Graben mit reichblühenden Sumpfpflanzen wie Mädesüß *(Filipendula ulmaria)*, Ross-Minze *(Mentha longifolia)*, Blut-Weiderich *(Lythrum salicaria)* oder Sumpf-Schwertlilie *(Iris sibirica)*. Solche Standorte führen nur nach Niederschlägen Wasser und trocknen wieder aus. Eine einfache Art, um Regenwasser wieder der Erde zuzuführen und einen Lebensraum für Tiere und Pflanzen zu schaffen, die wechselfeuchte Gebiete bevorzugen.

Die eigentliche Königsdisziplin ist es, einen naturnahen Bachlauf zu gestalten. Gelungene und funktionierende Bachläufe gibt es im Gartenbereich nur sehr wenige. Die Bäche in unseren Gärten wirken oft aufgesetzt und unnatürlich. Zudem sind sie in der Regel viel zu überladen mit großen Steinen und Geschieben, wie es in einem kleinen Bächlein nie vorkommen würde. Wer einen Bachlauf gestalten will, tut gut daran, einige Wanderungen zu unternehmen und sich verschiedene Bäche in der Landschaft anzusehen.

Schön gestaltete Bäche gibt es leider sehr wenige in den Gärten. Meist werden die Bachläufe überdimensioniert mit viel zu großen Steine gebaut. Eine weitere Herausforderung besteht darin, den Bach technisch so zu bauen, dass fließendes Wasser im Bachbett sichtbar wird.

Für einen Bachlauf braucht es einen Höhenunterschied. Wasser fließt von der Quelle zur Mündung. Dabei reicht ein Gefälle von 2 bis 3 Prozent durchaus, um einen langsam fließenden, kleinen Wiesenbach zu bauen. In einem solchen Wasserlauf mag es ab und zu einen Stein haben, der Rest ist aber, wie der Name schon sagt, eingewachsen mit Wiesen- und Bachrandpflanzen wie dem Bach-Nelkenwurz *(Geum rivale)*, der Sumpf-Dotterblume *(Caltha palustris)* oder dem Teufelsabbiss *(Succisia pratensis)*. Bäche mit größeren Steinbrocken, Kaskaden, Wasserfällen, Kolken sowie Prall- und Gleitufer, mit Bachabschnitten, die langsam, und solchen, die schnell fließen, benötigen deutlich mehr Höhenunterschiede und vor allem viel Platz. Will man keine Überinszenierung, sondern ein möglichst naturnahes Gartenbild erhalten, muss ein Bach dem Ort, dem Gelände und der Größe des Grundstückes angepasst sein.

Wenn wir uns für einen Bach entscheiden und eine sinnvolle Variante geplant haben, kommt die nächste Herausforderung: der Bau des Baches. Man könnte einfach wie bei einem Teich eine Folie verlegen, darauf Steine und Kies verteilen und schon fließt der Bach. Fließen tut er wohl, nur sieht man das Wasser nicht, weil es auf der Folie fließt und im Kies nicht sichtbar ist. Die einfachste Methode besteht darin, den vorhandenen Lehm zu verdichten und einzelne Steine, wie bei einem Wiesenbach üblich, einzusetzen. Ein solcher Bach wird problemlos funktionieren, wenn das Gefälle nicht mehr als 2 Prozent beträgt und sich somit keine Erdanteile verlagern können.

Bäche mit mehr Gefälle, vielen Steinen und Kaskaden müssen mit einer Folie abgedichtet werden. Damit man das Wasser fließen sieht, muss die Folie zusätzlich mit einem Mörtel überdeckt werden.

In diesen Mörtel werden die Steine gesetzt. Das leicht angetrocknete Mörtelbett wird mit einem Schwamm grob abgerieben oder mit einem feinen Strahl aus dem Gartenschlauch abgespritzt, damit die einzelnen Steine in der Pflastermischung sichtbar werden. Bepflanzt wird der Bach am Rand, wie es bei einem schnell fließenden Bach in natura auch ist. Beim Bau muss darauf geachtet werden, dass der Bachlauf ins Gelände eingebettet wird, um nicht aufgesetzt zu wirken. Am besten legt man die Steine, wie man sie verbauen will, seitlich neben den eigentlichen Bachlauf, um das Bild, welches sich so ergibt, zu prüfen.

Es lohnt sich in jeder Hinsicht, sorgfältig zu arbeiten: angefangen bei der sanften Einfügung ins Gelände über die Modellierung des Bachbettes bis hin zum Auslegen der Folie, dem Setzen der Steine und der Ausgestaltung. In einem Teich ist es aufwändig, ein Leck in der Folie zu finden, aber immerhin möglich. Bei einem Bachlauf ist es nahezu unmöglich.

Fließgewässer haben eine komplett andere Wasserbiologie als stehende Gewässer. Aus diesem Grund ist eine Kombination von einem fließenden (Bach) und einem stehenden Gewässer (Gartenteich, Naturschwimmteich) nicht sinnvoll, will man keine Schwierigkeiten bekommen, die man in einem getrennten System nicht hätte. Wer keine eigene Quelle besitzt, muss den Bachlauf künstlich mit einer Umwälzpumpe betreiben. Die Größe der Pumpe hängt vom Höhenunterschied zwischen Quelle und Mündung einerseits und der Länge des Bachlaufes andererseits ab. Die Pumpe wird auf jeden Fall an der Mündung eingesetzt, dort, wo das Wasser angesogen wird.

Bepflanzung von Bachläufen

Für die Bepflanzung, die wir ähnlich wie beim Gartenteich eher zurückhaltend wählen, verwenden wir Stauden aus dem Bereich Feuchtwiese und Bachröhricht wie Kuckucks-Lichtnelke *(Lychnis flos-cuculi)*, Ufer-Segge *(Carex riparia)*, Weiße Pestwurz *(Petasites albus)*, Großes Flohkraut *(Pulicaria dysenterica)* oder Färber-Scharte *(Serratula tinctoria)*. Ein Bachlauf in einer Rasenfläche wirkt unnatürlich, ebenso ein Steinstreifen, welcher den Bachlauf begleitet. Wie überall in der Natur sind hier die Übergänge fließend. Wir lassen die Bachränder in Wiesen- oder Hochstaudenfluren übergehen und pflanzen auf einer Bachseite einzelne Sträucher oder Strauchgruppen mit heimischen Sträuchern.

Eine Möglichkeit besteht darin, das Bachbett als architektonisches Element in den Garten zu bauen. Der Stahlbrunnen ist in diesem Fall die Quelle. Das Wasser fließt langsam durch ein mit Steinen ausgestaltetes und bepflanztes Becken und mündet in einen Gartenteich. Von dort wird das Wasser mit einer Pumpe wieder zur Quelle befördert.

Wasserelemente im Garten müssen so gesichert werden, dass Kinder nicht in Gefahr kommen.

Die schweizerische Beratungsstelle für Unfallverhütung empfiehlt, seichte Wasserelemente mit Tiefen von maximal 20 cm zu bauen.

Ein Teich sollte in jedem Fall immer mit Stufen gebaut werden. Ideal sind Stufen mit einer Höhe von maximal 20 cm.

Flachwasserzonen am Teichrand sollten mindestens 1 m breit und maximal 20 cm tief sein, um als kindersicher zu gelten.

Wissenswertes rund um Wasser im Garten

Sicherheit, nicht nur für Kinder

Für Kinder im Vorschulalter stellen Gartenteiche, Wasserbecken und größere Brunnen eine Gefahr dar. Bereits eine Tiefe von 20 cm kann gefährlich werden. Daher empfiehlt es sich, auch auf privatem Grund dafür zu sorgen, dass Kleinkinder keinen Zutritt zum Wasser bekommen. Dafür muss nicht in jedem Fall ein Zaun her. Eine dichte, stachelige, für Kleinkinder unzugängliche Hecke kann bereits ausreichen. Außerdem sollten die Ufer von Teichen so stabil gebaut sein, dass Kinder beim Betreten des Weiherrandes nicht sofort abrutschen.

Schwimmteiche sollten so lange gesichert werden, bis die eigenen Kinder schwimmen können, sonst hat man als Gartenbesitzer keine ruhige Minute mehr. Generell müssen Schwimmteiche von außen unzugänglich sein. Am besten erreicht man dies durch die Einzäunung des ganzen Grundstücks. Steile, unwegsame Ecken werden mit dornigen Sträuchern gesichert. Brunnen können mit einer einfachen Abdeckung in Form eines Gitterrostes gesichert werden.

Dem Thema Kindersicherung muss bereits bei der Planung Rechnung getragen werden, um alle notwendigen Maßnahmen zur Verhinderung von Unfällen zu treffen.

Tipp

Katzen sind vielen Gartenbesitzern treue Begleiter und gehören sozusagen zur Familie. Im Naturgarten und insbesondere an Naturteichen können Katzen allerdings zum Problem werden, weil sie sich nicht mit ihrem Futter begnügen, sondern auch Frösche, Libellen, Vögel oder Blindschleichen jagen und töten.

Tiere im Teich – munter wie der Fisch im Wasser

Tatsächlich kann es passieren, dass die Fische in einem Teich ganz munter sind, während um sie herum sich fast nichts mehr rührt. In kleinen Gartenteichen und vor allem in Bade- und Schwimmbiotopen haben Fische aller Art nichts verloren. Auch kleine Teichfische wie Moderlieschen oder Elritzen können zu Problemen führen. Wer Fische in seinem Garten will, dem sei empfohlen, einen dafür geeigneten Fischteich zu bauen. Generell ist davon abzuraten, Tiere in den Teich einzubringen, da man der Biologie des Teiches und letztendlich dem Lebensraum keinen Dienst damit erweist. Bei Feucht-Lebensräumen wird es sowieso nicht lange dauern, bis Tiere zuwandern. Bis auf Enten, die unseren Teich vielleicht besuchen, ist jedes Tier erwünscht. Der Nährstoffeintrag durch den Kot dieser Tiere ist enorm und kann zu dauerhaften Problemen im Teich führen.

Außerdem bringen Enten und andere Wasservögel sogenannte Entenflöhe mit. Dabei handelt es sich nicht um Flöhe, sondern um Parasiten von im Wasser lebenden Tieren. Die erwachsenen Parasiten leben im Blut ihrer Wirtstiere, zum Beispiel Enten, und produzieren Eier, die mit dem Kot ausgeschieden werden. Aus den Eiern schlüpfen Larven, die ihrerseits Wasserschnecken befallen. Die Larven entwickeln sich weiter zu Zerkarien, die wiederum einen Endwirt befallen. Ist kein solcher Endwirt (Enten, Schwäne, Möwen oder Biber) in der Nähe, befallen sie Badegäste, dringen in die Haut ein und lösen eine allergische Reaktion aus, die wie ein Flohbiss aussieht. Weil der Mensch ein Fehlwirt ist, dringen die Gabelschwanzlarven nicht in tiefere Hautschichten ein und sterben bald ab. Schmerzhaft, aber ungefährlich.

**«Quellwasser» –
böse Überraschungen vorprogrammiert**

Wenn es auf einem Grundstück natürlich austretendes Wasser gibt, handelt es sich in den wenigsten Fällen um eine echte Quelle. Meist ist es Sickerwasser aus landwirtschaftlichen Entwässerungen oder aus landwirtschaftlich intensiv genutzten Flächen. Das Wasser muss auf jeden Fall vor dem Einleiten in ein Gartengewässer auf seinen Nährstoffgehalt geprüft werden. Eine zu hohe Nitrat- oder Phosphatbelastung kann im Gartenweiher schnell zu Problemen führen. Nährstoffüberfrachtetes Wasser ist nicht immer auf den ersten Blick als solches erkennbar. Überdüngtes oder verunreinigtes Quell- oder Sickerwasser sieht für den Laien ganz normal aus. Eine professionelle Wasseranalyse in einem Labor zeigt, was wirklich im Wasser schwimmt. In der Regel ist die Entnahme von Quellwasser oder das Anzapfen eines Gewässers bewilligungspflichtig.

Tipp

Wasserstellen werden bei den meisten Häusern auch heute noch direkt an der Fassade angebracht. Dies obwohl man weiß, dass Feuchtigkeit an der Fassade Schäden verursachen kann. Besser sind in die Gestaltung integrierte Wasserstellen direkt im Garten.

Seerose – Königin der Wasserblumen

Alle möchten diese Teichblume in ihrem Tümpel haben: die Seerose. Sie ist die ungekrönte Königin der Wasserblumen. Tatsächlich sind ihre ganze Erscheinung und insbesondere die Blütenform in unseren Breitengraden einzigartig. Wohl aus diesem Grund darf die Seerose in keinem Wassergarten fehlen. Wie der Name schon sagt, handelt es sich bei der Seerose um eine Pflanze, die in größeren Gewässern vorkommt. Die heimische Weiße Seerose *(Nymphaea alba)* kann ihre Rhizome bis in Tiefen von 140 cm gründen und mit ihren Blättern und Blüten von dort unten an die Teichoberfläche gelangen. Genau aus diesem Grund sind die meisten Seerosenarten für unsere Gartenbiotope ungeeignet.

Ein Gartenweiher, der eine Tiefe von 80 cm hat, kann von einer Seerose komplett überwachsen werden, es bleibt keine offene Wasserfläche übrig. Selbst dann, wenn die Königin in Töpfe gepflanzt wird. Die Rhizome wandern über den Topfrand in den Teich und erobern von dort aus den gesamten Teichgrund. In Bade- und Schwimmteichen können Seerosen hingegen problemlos eingepflanzt werden, weil hier Pflanz- und Schwimmbereich durch eine Wand voneinander getrennt sind. Die gute Nachricht für Teichgärtner und -gärtnerinnen ist, dass mittlerweile Seerosensorten für kleine Teiche im Handel sind. Zwei Nachteile haben diese Zwergformen allerdings: Sie sind nicht heimisch und darum nur beschränkt für Tiere nützlich, die im Teich leben, und sie haben wesentlich kleinere Blüten als ihre Mutterpflanzen. Es handelt sich also sozusagen um Teichprinzessinnen.

Feuer- und Lichtelemente – den Garten in Szene setzen

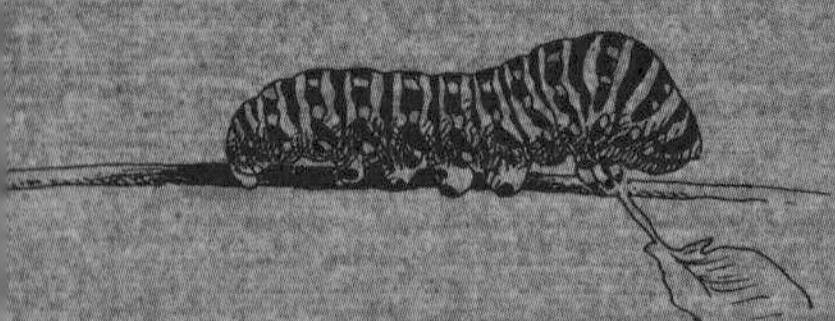

Das Licht ist ein Symbol
des Lebens und der Freude.

Honoré de Balzac

Feuerelemente – mit dem Feuer spielen

Faszination Feuer im Garten

Vom Lagerfeuer geht seit Jahrtausenden eine einzigartige Faszination aus. Es verspricht Wärme, Geborgenheit, Sicherheit und etwas zu Essen. Es ist ein tolles Gefühl, vor einem Feuer zu sitzen und das Knacken der Scheite zu hören, den Duft des Feuers zu riechen und die Wärme der Flammen zu spüren.

Kaum ein anderes Gartenelement hat in den vergangenen Jahren eine solche Renaissance erlebt. Gab es früher einen Grillrost und eine Feuerschale, so sind es in der Zwischenzeit Dutzende Elemente, aus denen Hobbyköche und Gartenfreunde auswählen können. Für jeden Geschmack und jedes Grillgut gibt es die passende Feuerstelle. Im Garten sind es Feuerstellen, die mit Holz befeuert werden, auf dem Balkon und der Terrasse die gasbetriebenen Grillgeräte, die Herzen von Grillfans höher schlagen lassen.

Ist es die Lust am Feuer oder der Wunsch, Fleisch und Gemüse auf offenem Feuer zu braten, der diesen Feuerstellen-Boom ausgelöst hat? Wohl eine Mischung von beidem, wobei es zwei Gruppen von Feuerlustigen gibt: Die einen freuen sich am Feuern selbst, am Element Feuer. Für die anderen bleibt das Feuer Mittel zum Zweck, um ein saftiges Steak oder Gemüse zu grillen. Im Folgenden sind einige Feuerelemente, von der einfachen Bodenfeuerstelle bis zum Einbau-Chemineé in der Natursteinwand, beschrieben. Im Naturgarten finden vor allem offene Feuerstellen Verwendung, sozusagen das Element Feuer in seiner Ursprungsform.

Man nimmt einige Steine, legt sie auf dem Boden aus und fertig ist die Feuerstelle. Wer etwas anspruchsvoller ist, leistet sich anstelle der geschnitzten Haselruten einen Grillrost.

Einfache Bodenfeuerstelle

Man nimmt einige Steinbrocken, fügt diese zu einem Rondell oder Quadrat, zündet das Feuer darin an und lässt auf angespitzten Ruten Würste brutzeln. So oder ähnlich wird es jeder von uns in seiner Jugend erlebt haben. An einem lauen Sommerabend macht es Spaß, mit der Familie oder Freunden am Feuer zu sitzen. Eine solche Feuerstelle im Garten anzulegen, gelingt ohne großen Aufwand. Dazu heben wir eine etwa 20 cm tiefe Mulde aus. Ist der Boden stark lehmig und undurchlässig, lohnt es sich, die Mitte etwas tiefer auszuheben, damit Niederschlagswasser versickern kann. Den Boden legen wir mit einem bindigen Straßenkies aus und verdichten diese Schicht mit einem Handstampfer.

Aus runden oder gebrochenen Steinen legen wir nun eine Einfassung auf das Kiesbett und lassen dabei in der Mitte eine Feuermulde von 60 bis 100 cm Durchmesser entstehen. Eine solche Feuerstelle kann mit einem Hängegrillrost oder einer anderen Grillvorrichtung ergänzt werden – und schon geht es los mit dem Feuern. Sie erinnert an das klassische Lagerfeuer, wie man es aus alten Western oder Winnetou-Filmen kennen. Die richtige Wahl für alle, die das Erlebnis Feuer in den Vordergrund stellen und keinen technischen Schnickschnack haben wollen. Diese Art von Feuerstelle lässt sich mit Holz- oder Steinblöcken, die als Sitz- und Ablageflächen dienen, weiter ausbauen.

Der Vorteil einer Feuerschale liegt in ihrer Mobilität. Mit ein paar wenigen Handgriffen kann die Schale versetzt werden.

Feuerschale

Eine Weiterentwicklung der Bodenfeuerstelle ist die Feuerschale. Aus rohem Stahl oder Chromstahl sind verschiedene Produkte auf dem Markt. Eine Feuerschale hat den Vorteil, dass sie mobil ist. Man muss nicht immer am gleichen Ort im Garten feuern und grillieren, sondern kann die Schale je nach Jahreszeit an verschiedenen Orten im Garten aufstellen. Eine Feuerschale bietet die Möglichkeit, ein offenes Feuer zu entfachen und wie bei einem Lagerfeuer darum herum zu sitzen. Für Feuerschalen gibt es verschiedene Aufsätze, vom höhenverstellbaren Grillrost über eine Bratplatte bis hin zur Hängevorrichtung für einen Kessel. Eine Feuerschale bedarf im Garten keiner besonderen Vorbereitungen. Es muss einzig darauf geachtet werden, dass Wasser, das eventuell aus der Schale läuft, nicht auf einen empfindlichen Bodenbelag tropft.

Das Grillieren auf einer Feuerschale ist einfach und bequem. Will man nur das Feuer genießen, wird der Grillrost einfach entfernt und schon hat man eine offene Feuerstelle.

Auf einem Feuerring werden die Lebensmittel gebraten wie in einer Bratpfanne. Das hat den Vorteil, dass man sich im Freien ganz Menüs kochen kann.

Feuerring oder Ringgrill

Sie sind eine Weiterentwicklung der Feuerschale. Auf einer umlaufenden Platte wird Grillgut gegart. Dabei liegt das Grillgut nicht direkt über der Flamme, was die Möglichkeit bietet, hochwertige Lebensmittel am Feuer zu braten und ganze Menüs zu kochen. Der Ringgrill ist eine Variante, auf der beides möglich ist, Braten und Grillen. Diese Feuerelemente werden, weil sie einiges schwerer sind, in der Regel an einem bestimmten Ort im Garten aufgestellt. Sie werden direkt auf den Belag gestellt oder, wenn sie in einer Wiese stehen, mit einem kleinen Fundament abgestützt, damit sie mit der Zeit nicht kippen.

Der Feuerring muss im Garten am definitiven Ort platziert werden. Durch das hohe Gewicht kann er nur mit einem Kran oder mithilfe mehrerer Personen versetzt werden.

Feuerstellen können problemlos in Mauern integriert werden. Je nach Steinart muss die Mauernische mit feuerbeständigen Steinen ausgekleidet werden.

Feuerstellen in Trockenmauern

Eine Feuerstelle lässt sich gut in einer Mauernische unterbringen. Am einfachsten ist es, eine Bodenfeuerstelle einzurichten. Dafür erstellen wir in der Mauer eine Einbuchtung, ob rund oder eckig spielt für das Feuer keine Rolle. Den Boden können wir wie bereits beschrieben mit Kies auslegen. Eine weitere Möglichkeit besteht darin, den Boden mit feuerfesten Schamottsteinen oder einer Stahlplatte zu bedecken. Wer einen festen Grillrost installieren will, kann im Boden eine Hülse für einen Schwenkgrill einlassen. Eine weitere Möglichkeit ist, direkt in der Mauer Metallschienen oder Metallbolzen einzuführen, auf die man einen Grillrost legen kann.

Wer es bequem haben will, baut die Feuerstelle in Arbeitshöhe in die Mauer ein, das heißt, die Aussparung für den Feuerraum beginnt etwa auf 50 cm Höhe. Je nach Steinart muss die Mauerinnenwand der Feuerstelle ausgekleidet werden, damit die Natursteine durch die Hitze nicht beschädigt werden. Denkbar ist auch eine Verkleidung der Wände und des Bodens aus rohem Stahl oder man verkleidet die Wände und den Boden mit Schamottsteinen.

Auch ein Pizzaofen lässt sich in eine Trockenmauer integrieren. Man kann den Ofen nach einer Anleitung selber bauen oder man fügt ein fertiges Ofenelement in die Mauer ein. Neben Ofen oder Feuerstelle können weitere Öffnungen für Holzscheite, zum Abstellen von Grillgut und Werkzeug oder für Windlichter eingepasst werden.

Feuerwände sind oft gleichzeitig Sicht- und Schallschutz zu den Nachbargrundstücken. Für den Einbau der Feuerstelle lohnt es sich, einen versierten Ofenbauer zu beauftragen.

Feuerwände

Mauern oder Wände, die einzig die Funktion haben, eine Feuerstelle zu integrieren, werden als Feuerwände bezeichnet. Meist dienen sie gleichzeitig als Sichtschutz oder Abgrenzung zu einem Nachbargrundstück. Feuerwände können aus Naturstein oder Recyclingmaterialien gebaut werden. In der Regel werden sie ohne Anzug erstellt (siehe Seite 148) und der Kern der Mauer wird vermörtelt. Eine weitere Möglichkeit besteht darin, die Wände aus Naturstein-Stellplatten oder aus Stahlplatten zu bauen. Die Feuerstelle, in der Regel ein Stahleinsatz, wie er für Cheminées im Gebäude verwendet wird, kann auf gewünschter Höhe in die Mauer eingebaut werden. Es ist sinnvoll, Feuerstelle und Kamin von einem Fachmann errichten zu lassen. In der Mauer können individuell Nischen, Öffnungen oder Halterungen angebracht werden.

Feuerwände werden auf ein frostsicheres Betonfundament gestellt, denn schon kleine Bewegungen könnten zur Rissbildung führen oder den Feuereinsatz beschädigen. Damit eine Feuerwand funktioniert, sind gewisse Dimensionen notwendig, das heißt, im Garten muss der geeignete Platz für eine Feuerwand vorhanden sein. Eine Höhe von 200 cm und eine Tiefe von 70 cm sind dabei die Minimalmaße. In einer Feuerwand kann auch – oder zusätzlich – ein Pizzaofen integriert werden. Dann kann man darin Brot backen, während man auf der Glut grilliert.

Ist Feuer im Garten überhaupt erlaubt?

Was im Garten erlaubt ist und was nicht, ist gesetzlich geregelt. Die Grundlage des Nachbarrechts in der Schweiz steht im Schweizerischen Zivilgesetzbuch (ZGB), in Deutschland ist das Nachbarrechtsgesetz Ländersache, das heißt, jedes Bundesland hat eine eigene Fassung. In Österreich finden sich die entsprechenden Paragrafen im Allgemeinen Bürgerlichen Gesetzbuch.

Ein typischer Anlass für Streit unter Nachbarn sind Grillpartys im Sommer. Wenn die Dämpfe in den Garten oder auf den Balkon des Bewohners nebenan ziehen, kann das störend wirken. Das Nachbarrecht untersagt hier zwar prinzipiell übermäßige Luftverunreinigungen. Jedoch muss der betroffene Nachbar auch eine gewisse Toleranzgrenze akzeptieren.

Wann diese Schwelle überschritten wird, ist vom Einzelfall abhängig. In der Schweiz kann man laut Nachbarrecht davon ausgehen, dass ein Verstoß vorliegt, wenn die Nachbarn durch Grillfeuer längere Zeit die Fenster nicht offen halten können oder durch Feuerfunken und herumfliegende glühende Kohle gefährdet werden. Gerade wer bei offenem Feuer im Garten grillt, sollte deshalb darauf achten, dass kein zu starkes Funkensprühen entsteht.

Wenn es um Feuer im Garten geht, ist in der Schweiz laut Nachbarrecht das Verbrennen von trockenen Gartenabfällen grundsätzlich erlaubt. Aber es dürfen auch hierdurch keine extremen Luftverunreinigungen verursacht werden. Das Abfackeln von nicht pflanzlichen Abfällen ist generell verboten. In Deutschland ist das Verbrennen von Gartenabfällen je nach Bundesland anders geregelt und viele Kommunen informieren auf ihren Websites über die geltenden Gesetze.

Lichtelemente im Naturgarten – erhellende Momente

Grundlage allen Lebens: das Sonnenlicht

Licht ist Leben, ohne Licht würden keine Pflanzen wachsen, Menschen und Tiere hätten keine Überlebenschance. Das Sonnenlicht ist Elixier und Lebensfreude gleichzeitig. Trüb und trist ist ein Tag ohne Sonne. Erscheint der leuchtende Ball mehrere Tage nicht am Himmel, schlägt es uns auf das Gemüt und wir sehnen uns nach den nächsten Sonnenstrahlen. Ist der Wetterbericht sonnig, so sind wir es innerlich auch. Für die Pflanzen bildet das Sonnenlicht die Grundlage der Photosynthese und damit des bedeutendsten biogeochemischen Prozesses der Erde. Im Zuge der Photosynthese bilden Pflanzen mithilfe der Sonnenenergie organische Stoffe, die wiederum anderen Lebewesen als energiereiche Baustoff- und Energiequellen dienen. So treibt das Sonnenlicht direkt und indirekt nahezu alle bestehenden Ökosysteme an.

Das natürliche Himmelslicht ist für uns selbstverständlich. Ebenso die Verwendung von künstlichem Licht in Form von Leuchten. Bereits vor 400 000 Jahren wurden in China Fackeln verwendet. Dies belegen archäologische Funde aus Höhlen der Pekingmenschen. Die Entdeckung des Feuers war der erste Schritt hin zur künstlichen Beleuchtung, wenn auch in ausgedehnten Zeiträumen, in denen das Feuer immer raffinierter eingesetzt wurde. In der Höhle von Lascaux in der Dordogne (Frankreich) etwa wurden 15 000 Jahre alte geschliffene Sandsteinlampen gefunden.

Funktionales Licht dient in erster Linie der Sicherheit im Garten. Wege und Treppenstufen, aber auch Eingangsbereiche oder dunkle Ecken werden zu diesem Zweck in der Nacht beleuchtet.

Die Entdeckung der Elektrizität verändert die Welt

In der zweiten Hälfte des 19. Jahrhunderts setzte mit der Entdeckung der Elektrizität ein richtiger Boom der Bogenlampen ein, die zunächst im öffentlichen Bereich verwendet wurden. Die Erfindung der Glühlampe durch Edison wenige Jahrzehnte später läutete dann ein neues Zeitalter ein. Plötzlich waren Städte und Dörfer nicht mehr schummrige und unheimliche Orte. Wege und Straßen wurden genauso beleuchtet wie historische Gebäude, Parks und Gärten. In der folgenden Zeit wurden sowohl Leuchten wie Leuchtmittel ständig weiterentwickelt. Heute werden im Außenbereich fast ausschließlich effiziente LED-Leuchten (LED = «light emitting diode») verwendet.

Funktionale Beleuchtung im Garten

Funktionales Licht soll uns ermöglichen, etwas zu sehen, und dient in erster Linie der Sicherheit. Dazu muss das Licht möglichst gleichmäßig gestaltet werden. Stark wechselnde helle und dunkle Bereiche überfordern das Auge, denn es dauert immer eine gewisse Zeit, bis sich das Auge an die Lichtquelle angepasst hat. Wir kennen das alle aus unserem Alltag: Man betritt einen dunklen Raum, schaltet das Licht ein und ist für kurze Zeit von der Helligkeit wie geblendet.

Eine gelungene funktionale Beleuchtung ist weder zu dunkel, weil man sich im Finstern unwohl fühlt, noch zu hell, weil gleißendes Licht als unangenehm empfunden wird. Aus diesem Grund arbeiten wir im Garten ausschließlich mit abgeblendeten Leuchten und mit relativ niedrigen Lichtstärken bei den Leuchtmitteln. Da der Betrachter nicht in die Lichtquelle sieht, wird er auch nicht geblendet. Mit der funktionalen Beleuchtung werden Wege ausgeleuchtet, Treppenstufen markiert oder Vorplätze beleuchtet. Sie dient vor allem dazu, sicher zum Haus zu kommen oder mit einem guten Gefühl von einem Ort im Garten zum anderen zu gelangen. Die Beleuchtung muss so getaktet werden, dass der Weg oder Platz ausgewogen ausgeleuchtet ist. Funktionale Beleuchtung hilft, sich in der Umgebung zurechtzufinden. Insbesondere bei öffentlichen Hotel- oder Freizeitanlagen muss sie auf jeden Fall so konzipiert werden, dass auch der Besucher, der das erste Mal an diesen Ort kommt, ohne Probleme ans Ziel gelangen kann.

Leuchten und Leuchtmittel einer funktionalen Beleuchtung
Für die Ausleuchtung von Wegen eignen sich Pollerleuchten. Wenn der Weg an einer Mauer entlang führt, werden auch Wandeinbauleuchten, die direkt in den Mauerkörper eingebaut werden, verwendet. Die Anzahl der Leuchten ist abhängig von der Leuchtstärke und dem Ausstrahlungswinkel der Leuchtmittel sowie von der Wegführung – Treppen und Biegungen benötigen in der Regel eine höhere Anzahl Lampen als schnurgerade Wege. Vorplätze am Gebäude werden meist mit Wandaufbauleuchten bestückt, die an der Fassade befestigt sind. Gebäudeteile oder Vordächer bieten zusätzlich die Möglichkeit für Deckenleuchten, sogenannte Downlights, die in die Decke eingebaut werden und nach unten strahlen. All diese Leuchtentypen sind in vielfältiger Auswahl auf dem Markt erhältlich. Es empfiehlt sich in jedem Fall, für den Außenbereich geeignete, hochwertige Leuchten zu kaufen, die entsprechend den gängigen Normen abgesichert und für den Außenbereich zugelassen sind.

Deckeneinbauleuchte

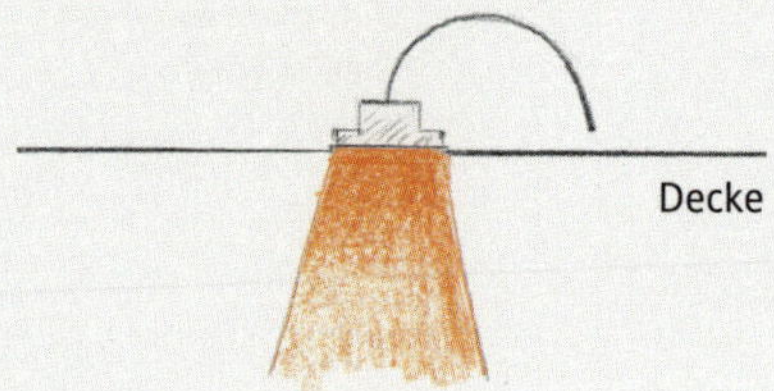

Pollerleuchte

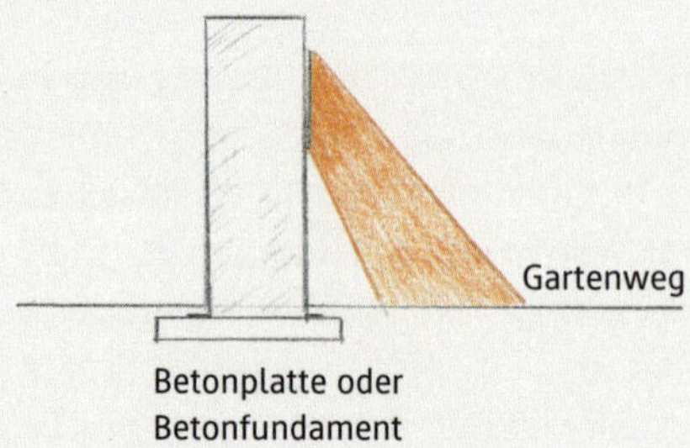

Wandeinbauleuchte
(Beispiel Trockenmauer)

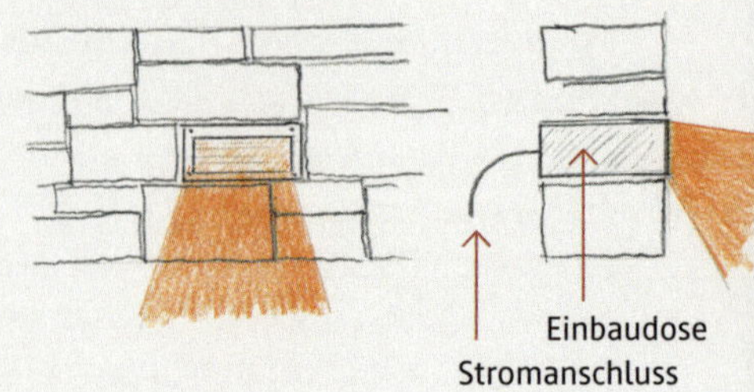

Bodeneinbauleuchte

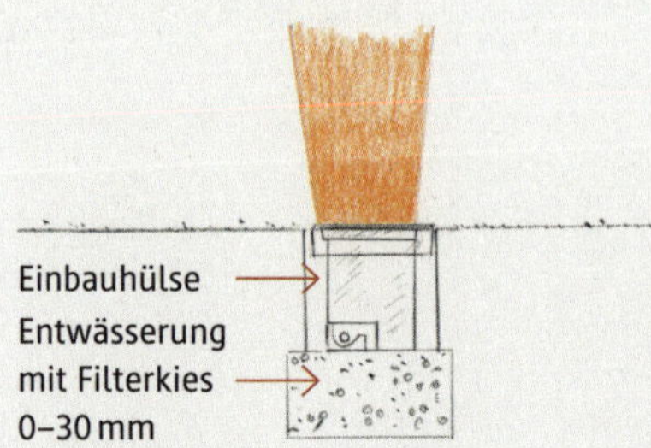

Spotleuchte

Verteilschacht

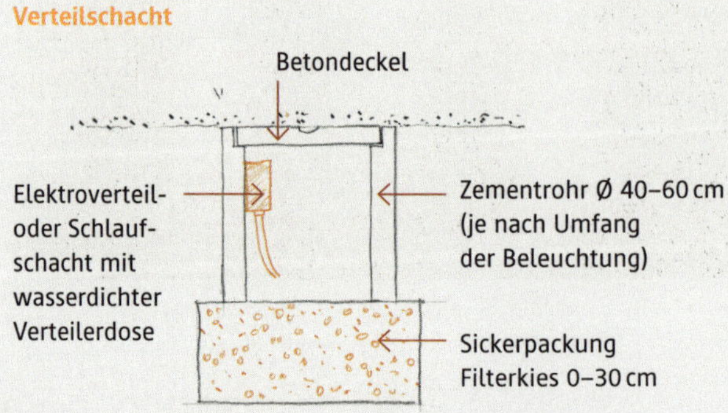

Stimmungsbeleuchtung für den Garten

Es sind die natürlichen Lichtverhältnisse, die für besondere Stimmungen in unserem Garten sorgen – kurz vor Sonnenaufgang an einem Sommertag, das gleißende Licht an einem heißen Mittag, das Funkeln und Glitzern von Raureif an den Pflanzen im Winter, eine diesige Nebelstimmung oder das Wetterleuchten vor einem Gewitter. Diese natürlichen Lichtspiele bringen unsere Blumen zum Leuchten. Licht und Schatten lassen den Garten räumlich wirken. Erst durch das Licht sind einzelne Blätter und Blüten und ihr Farbenspiel erkennbar. Wieso brauchen wir zusätzlich zu diesem Naturspektakel noch eine Stimmungsbeleuchtung?

Wenn die Konturen des Gartens langsam verschwinden und in die Dunkelheit eintauchen, dann vermittelt uns das künstliche Licht Eindrücke, die bei Tageslicht nicht möglich sind. Insbesondere in den Übergangszeiten und im Winter bleibt der Garten auf diese Weise auch bei Dunkelheit noch Teil unseres Lebens. Licht hebt Strauchgruppen oder einzelne Bäume hervor, gibt einer Mauer ein völlig neues Gesicht oder lässt eine Skulptur zum Leben erwachen. Es geht darum, gezielt einzelne Gartenpartien oder Elemente in Szene zu setzen, aber auf keinen Fall den ganzen Garten in hellem Licht erscheinen zu lassen. Die Kunst besteht darin, eine Stimmung zu erzeugen, ohne zu übertreiben.

Wir arbeiten bei der Stimmungsbeleuchtung in erster Linie mit Reflexionen – Blätter, Baumrinden, Texturen von Mauern und Wänden oder bewegtes Wasser sind Bereiche, die wir beleuchten. Die Leuchte ist dabei nur Mittel zum Zweck, je schlichter und unscheinbarer, desto besser. Wir wollen als Gartenbesitzer nicht die Leuchten bewundern, sondern das Objekt, das ausgeleuchtet wird.

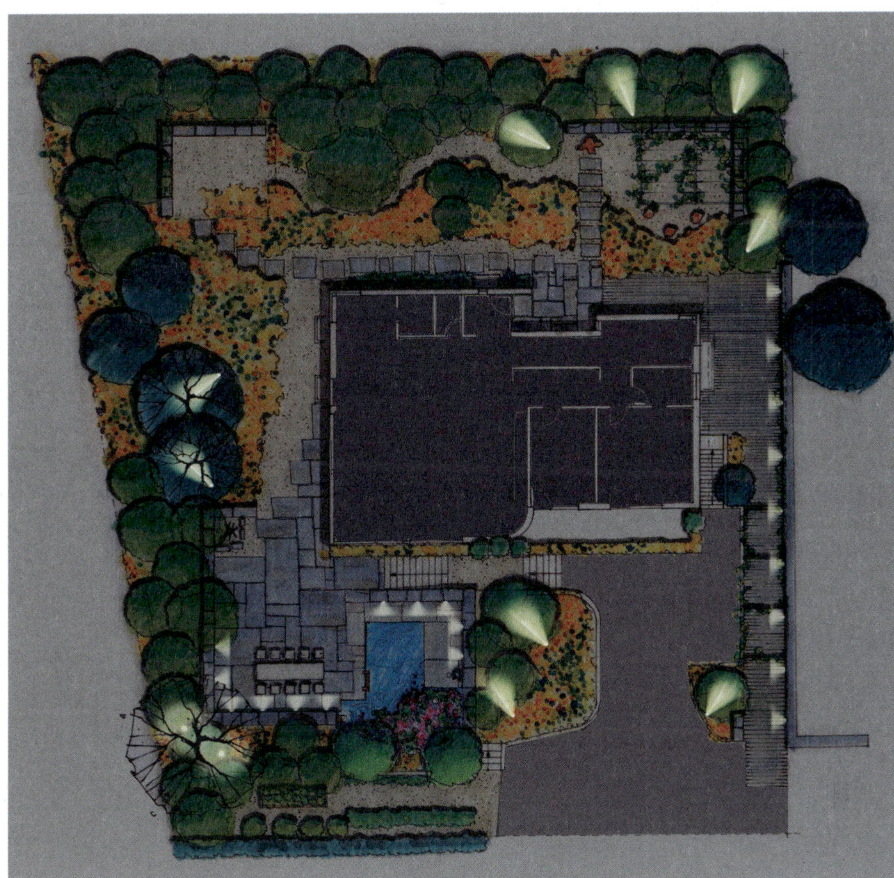

Stimmungsbeleuchtung wird dezent eingesetzt. Es werden nur einzelne Element angeleuchtet. Es geht darum, bewusst mit Licht und Schatten Stimmungen zu gestalten.

Mit einer Stimmungsbeleuchtung werden im Garten besonders schöne Pflanzen oder Bauelemente sanft in Szene gesetzt. Die Beleuchtung soll uns Geborgenheit vermitteln und Kerzenlicht-Stimmung verbreiten.

Um Stimmungen zu erzeugen, verwenden wir Leuchten, die nicht auffallen. Nicht die Leuchte soll den Blick auf sich ziehen, sondern die Fläche, auf welche das Licht reflektiert wird.

Leuchten und Leuchtmittel der Stimmungsbeleuchtung

Für stimmungsvolles Licht eignen sich in erster Linie Leuchten, die nicht auffallen. Wir verwenden Spot- und Bodenleuchten, um einzelne Bäume, Wände oder Objekte anzuleuchten, Wandeinbauleuchten, um Sitzplätzen ein besonderes Ambiente zu verleihen. Im Naturgarten setzen wir Leuchten immer nur punktuell ein. Wir verwenden ausschließlich LED-Leuchten mit einem sehr niedrigen Stromverbrauch. Heute sind LED-Leuchten auch in warmem Lichtton erhältlich. Anders als bei der funktionalen Beleuchtung darf es hier bewusst schattige und erhellte Bereiche geben. Was wir im Dunkeln sehen möchten, wird erhellt, der Rest bleibt verborgen. Wir können damit auch die Perspektiven und die räumliche Gestaltung der Gartenkomposition betonen.

Lichtverschmutzung – Kehrseite der Medaille

Licht ist erhellend und schön. Es gibt einem das Gefühl von Sicherheit, wenn ein Weg oder eine Treppe beleuchtet ist. Licht kann aber auch stören und sogar krank machen. Aus diesem Grund muss die Beleuchtung zusammen mit dem Garten von Grund auf geplant werden. Störend wirken Leuchten, die direkt in Wohnbereiche strahlen oder die Nachbarhäuser in Mitleidenschaft ziehen. Kunstlicht stört nachtaktive Tiere, behindert astronomische Beobachtungen und kann Gesundheit und Wohlbefinden von Mensch und Tier beeinträchtigen. Folgende Maßnahmen verringern mögliche negative Auswirkungen von künstlicher Beleuchtung:

- Funktionale Beleuchtung sollte durch einen Bewegungsmelder oder durch Schalter mit zeitlicher Begrenzung gesteuert werden. Bewegungsmelder sollten so angebracht werden, dass sie ausschließlich durch menschliche Bewegungen ausgelöst werden.
- Leuchten und Leuchtmittel mit niedrigem Stromverbrauch und geringer Lichtstärke verwenden.
- Die verwendeten Leuchten sollten möglichst gut abgeschirmt und punktgenau ausgerichtet werden.
- Es sollten ausschließlich Leuchten mit einer Abdichtung ausgewählt werden, damit keine Insekten oder Spinnen eindringen können.
- Die Stimmungsbeleuchtung sollte auf keinen Fall länger eingeschaltet bleiben, als wir den Garten nutzen. In der Nacht wird diese Beleuchtung komplett ausgeschaltet, zum Beispiel mittels Zeitschaltuhr.
- Es sollten nur hochwertige Leuchten und Leuchtmittel mit einer langen Lebensdauer verwendet werden (Entsorgung der Leuchtmittel und der Leuchten).
- Zum Schutz von nachtaktiven Insekten sollten für die Außenbeleuchtung ausschließlich LED- oder Natriumdampf-Hochdrucklampen verwendet werden.

Gartenbeleuchtung planen

Wer beabsichtigt, seinen Garten mit Beleuchtung auszustatten, tut gut daran, dies bereits ins Konzept einfließen zu lassen. Das bedeutet, sich aufgrund des Entwurfes für den Garten zu überlegen, wo funktionales Licht benötigt wird und wo eine bestimmte Stimmung mit künstlichem Licht erzeugt werden soll. Nachträglich eingebaute Beleuchtungen sind aufwändig und kostspielig, das weiß ich aus persönlicher Erfahrung. Zu Beginn der Gartengestaltung muss das Beleuchtungskonzept nicht komplett umgesetzt werden. Zumindest jedoch die Grundinstallation sollte rechtzeitig vorgenommen werden. Man sollte auch überlegen, wie die Leuchten später geschaltet werden. Grundsätzlich ist es heute möglich, jede Leuchte einzeln zu programmieren. Allerdings ergibt es Sinn, gewisse Gruppen zusammenzufassen. So ist es später möglich, die funktionale Beleuchtung im Eingang unabhängig von der Stimmungsbeleuchtung im Garten zu schalten. Generell ist es sinnvoll, solche Bereiche festzulegen, um damit auch Energie zu sparen und das Licht an einzelnen Orten abzuschalten, wenn diese nicht genutzt werden.

Die Grundinstallation

Unter Grundinstallation versteht man das Setzen von Verteilschächten und das Einlegen von Leerrohren, durch die später die elektrischen Leitungen gelegt werden. Auch im Rahmen einer Gartenumgestaltung lässt sich diese Grundinstallation gleich mit erledigen, was im Verhältnis zu den Kosten für Leuchten und Elektroinstallation relativ günstig ist. Außerdem kann das Setzen von Schächten und das Verlegen von Elektrorohren gut in Eigenleistung erledigt werden. Dazu benötigt man lediglich das richtige Material und Muskelkraft, um die Gräben auszuschachten.

Für Verteilschächte werden in der Regel Zementrohre ohne Boden mit einem Durchmesser von 40 oder 50 cm verwendet. Der Schacht muss auf jeden Fall gut entwässert sein, damit bei Regen keine Staunässe entsteht. Dies geschieht durch das Einbringen einer Schicht aus Rundkies in der Korngröße 15 bis 30 mm. Ist der Untergrund besonders wasserundurchlässig, kann eine Drainageleitung notwendig werden. Für die Leitungen werden handelsübliche Kunststoffrohre verwendet, wobei es sich lohnt, Rohre mit einem etwas größeren Durchmesser als eigentlich benötigt einzulegen, damit man später noch weitere Kabel einziehen kann. Die Rohre sollten mindestens 50 cm tief im Erdreich verlegt werden. Vor dem Einfüllen des Grabens ummantelt man sie mit einer Schicht aus gewaschenem Sand. Wichtig ist, dass die Rohre ohne Knicke und maximal in einem Bogenradius von 60° verlegt werden. Wird die Beleuchtung nicht von Anfang an installiert, lässt man das Ende der Rohre einfach aus dem Boden ragen und klebt die Enden ab, damit kein Wasser eindringen kann.

Zur Grundinstallation gehören das Verlegen der Leitungen sowie das Setzen von Verteilschächten, aus denen die einzelnen Leuchtkörper angesteuert werden.

Wahl der Spannung – 24 oder 230 Volt?
Im Handel sind Leuchten erhältlich, die normal an unser Stromnetz angeschlossen werden können. Es macht in diesem Fall Sinn, vom Verteilschacht aus für den jeweiligen Bereich jede Leuchte einzeln anzusteuern, das heißt, für jede Leuchte eine eigene Leitung zu verlegen. So kann man in einem Störungsfall die Schwachstelle rasch eruieren und den Mangel problemlos beheben. Immer öfter werden auch Systeme mit einer 24-Volt-Spannung angeboten. Die Elektrifizierung erfolgt bis zum Verteilschacht, dort wandelt ein Trafo die Spannung in 24 Volt um. Der Vorteil liegt bei dieser Methode darin, dass im Garten keine Leitungen verlegt sind, die unter einer Spannung von 230 Volt stehen. Damit wird die Gefahr eines Unfalls bei Grabarbeiten erheblich reduziert. Außerdem kann eine 24-Volt-Anlage vom Verteilschacht aus auch problemlos von Laien verlegt werden.

Feuchtigkeit oder stehendes Wasser ist der größte Feind von Außenbeleuchtungen. Alle Verteildosen und Leitungsanschlüsse müssen auf jeden Fall sauber abgedichtet werden. Auch die Leuchten müssen die jeweiligen Bestimmungen (EU-Norm bzw. Schweizer Standards) erfüllen. Für den Außenbereich müssen spezielle gummiummantelte Kabel verwendet werden. Auf keinen Fall dürfen Kabel aus dem Innenbereich mit feuchter Erde und Regen in Kontakt kommen.

Wahl der Leuchtleistung
Mit der Verwendung von LED-Leuchten hat sich die notwendige Leuchtleistung für Außenleuchten noch einmal deutlich reduziert. Für Stimmungsbeleuchtungen reichen bereits Leistungen ab 1 Watt, um mit einer Spotleuchte einen Strauch anzuleuchten. Für funktionale Beleuchtungen sind Leuchtmittel von 6 bis 10 Watt ausreichend. Den meisten Gartenbesitzern sagen diese Leistungsangaben wenig, weil sie sich eine Leuchtleistung von 1 Watt schlicht nicht vorstellen können. Es ist darum sinnvoll, die geplante Gartenbeleuchtung vor Ort auszuprobieren, bevor man sie bestellt – im Fachjargon spricht man von «Ausleuchten». Dabei werden die geplanten Leuchtentypen vor Ort aufgestellt oder eingesteckt und die Leuchtleistung überprüft. Damit können die richtigen Leuchtleistungen in der Regel problemlos festgelegt werden.

Gartenbeleuchtung einbauen

Wie bereits erwähnt, können Verteilschächte und Rohre problemlos in Eigenregie oder vom Gartenbauer ausgeführt werden. Selbst die verschiedenen Leuchten sind mit Ausnahme von Boden- und Wandeinbauleuchten einfach zu montieren. Die Elektroinstallation dagegen muss von einem konzessionierten Betrieb ausgeführt werden.

Montage von Boden- und Wandeinbauleuchten

Für Wandeinbauleuchten gibt es spezielle Wandeinbaudosen, die vorgängig in die Mauer eingebaut werden, sozusagen als Aussparung für die spätere Montage der eigentlichen Leuchte. In Trockenmauern werden diese Elemente während des Aufschichtens der Steine auf der richtigen Höhe eingebaut und fixiert. Im gleichen Arbeitsgang werden auch die Leerrohre von der Mauerrückseite in die Einbautöpfe geführt. Es ist wichtig, die Einbaudosen sauber einzupassen, weil die Lage später nicht mehr korrigiert werden kann.

Bodeneinbauleuchten sind ein beliebtes Mittel, um Bäume oder Mauern ins rechte Licht zu rücken. Dabei wird der Hauptteil der Leuchten in den Boden eingelassen. Wichtig ist hier, für ausreichende Entwässerung zu sorgen. Es empfiehlt sich, unter den Bodenleuchten eine Kiesschicht von mindestens 20 cm einzubauen, damit Oberflächenwasser nach Niederschlägen sofort abfließen kann. Ist der Boden sehr lehmhaltig und weitgehend wasserundurchlässig, sollte auf Bodeneinbauleuchten verzichtet werden. Stattdessen sollten andere Leuchtmittelarten eingesetzt werden.

Anhang

Literaturverzeichnis

- Bannermann Isabel und Bannermann Julian | Landscape of Dreams, The Gardens of Isabel and Julian Bannermann | Pimpernel Press Limited 2016
- Bergmann Roberta | Die Grundlagen des Gestaltens | Haupt Verlag 2016
- Blume Hans-Peter et al. (Hrsg.) | Handbuch des Bodenschutzes | Wiley 2010
- Bothe Christian | Auf offenem Feuer – Grillen. Braten. Kochen | Leopold Stocker Verlag 2004
- Brandi Ulrike und Geissmar-Brandi Christoph | Lichtbuch – Die Praxis der Lichtplanung Birkhäuser Verlag 2001
- Bucher Otmar | Das so gennante Schöne, An- und Einsichten | Ott Verlag 2006
- Doelker Christian | Bild – Bildung | Alata Verlag 2015
- Doernach Rudolf | Pflanzenhäuser. Biotektur – Leben im Naturklima | Panorama Verlag 1987
- Drexel Thomas | Gartenhäuser, Lauben, Lounges, Pavillons, Baumhäuser, Hütten, Carports DVA 2017
- Fischer-Kipp Iris | Licht und Garten | Ulmer Verlag 2005
- Griebl Norbert | Naturnah gärtnern – Die 140 wertvollsten Pflanzen für den Naturgarten Haupt Verlag 2015
- Kremer Bruno P. | Hecke, Gartenweg und Blumenwiese – Lebensräume im Naturgarten passend bepflanzen | Haupt Verlag 2017
- Mahabadi Mehdi und Rohlfing Inés Maria | Schwimm- und Badeteichanlagen | Ulmer Verlag 2008
- Richard Peter | Gartenglück – Die Kunst des entspannten Gärtnerns | Alata Verlag 2008
- Richardson Phyllis | XS, Big Ideas, Small Buildings | Thames & Hudson 2001
- Schauberger Viktor | Das Wesen des Wassers | AT Verlag 2009

Nützliche Internetadressen (Auswahl)

- bioterra.ch
- bodensee-stiftung.org
- die-kunst-des-entspannten-gaertnerns.ch
- gartenland.ch
- infoflora.ch
- mygarden.ch
- nabu.de
- naturgarten.org
- naturgarten-netzwerk.at
- naturundwirtschaft.ch
- rewisa.at
- wildstauden-gaertnerei.ch

Berufsverbände

- jardinsuisse.ch (Schweizer Verband Gartenbau)
- g-net.de (Deutscher Zentralverband Gartenbau)
- gartenbau.or.at (Bundesverband der österreichischen Gärtner)

Informationen zu den Farbflächen

Die Farben wurden mit der traditionellen Eitempera-Technik hergestellt. Eitempera besteht ausschließlich aus natürlichen Zutaten wie Pigmentmehl, Wasser, Eigelb, Eiweiß und Leinöl.

Farben mit folgenden Pigmenten:

- Vorsatz: Safran
- Nachsatz: Randen
- Seite 4: Kirschsteine
- Seite 6: Erde, Eichholz Elsau
- Seite 12: Gemahlener Stein, Savognin
- Seite 32: Erde, Steinach am Bodensee
- Seite 82: Erde, Brissago
- Seite 110: Gemahlener Granit
- Seite 176: Erde, Weinfelden
- Seite 196: Färberwaid
- Seite 232: Ziegelsteine, Elsau
- Seite 250: Erde, Iseriet in Marbach SG

Sachregister